人工酵素の夢を追う

－失敗がつぎの開発を生む－

白井汪芳 著

米田出版

まえがき

大学の研究室は教員と学生が自由な発想で研究を展開する基礎研究の場である。

私の研究分野では、高分子と金属錯体のあらゆる基礎研究の中で世界にない、いろいろな物質がつくられるのだが、その中で「金属フタロシアニンポリカルボン酸」に偶然めぐりあった。

生命維持と活動には、多くの金属が必須元素として酸素の運搬など重要な役割を果たしている。高分子錯体の研究者は常にその精緻で巧妙な生体の機能を意識しあこがれ、少しでも真似てみたいと思っていた。生体に真似る工学―バイオミメティックスである。

そんな中で、鉄(Ⅲ)-フタロシアニンポリカルボン酸が生体酸化酵素と同じ電子構造で似た働きをすることを見出し、勝手に「人工酵素」と呼んだ。さらに、一九八四年、においを消す機能が、これも偶然見つかって以来、多くの、研究室の学生、長年見放さず事業化し続けてきた大和紡績㈱など、また事業化しようとした多くの企業の人々がかかわって四〇年以上にもわたって、世界でも類のないユニークな商品を次々と生んできた。

そして、いまだにそれは続いている。

失敗し、あきらめて、また新しい企業が開発に取り組み、三度目の正直で成功したこともあり、意外な展開もあった。それがまた新しい開発を生む。大学の研究室にノーハウが蓄積されていくからであり、産学連携の財産でもある。

これらは、研究開発の一つのドラマであり、酒の肴に冗談まがいにその断片を話すと「面白い」といってくれる人も多かったこともあり、老化により忘れないうちに、関係者に感謝したい気持ちを何かにまとめようかと思っていた。今年の正月、思い浮かぶまま書いて、米田出版の米田社長に見てもらい出版してもらうことになった。正確でないのはそんな心がけで書いたものだからで、お許しを頂き、読み流してもらいたい。

二〇一〇年三月

白井汪芳

目　次

第一章　消臭繊維ができた！

し尿の「臭い」を消すプロジェクト

私の所属していた信州大学の北條研究室には地域のいろいろな人たちが出入りしていた。一九七〇年代に学園紛争が起こって産学連携がタブー視されているときも企業人が出入りしていた。

上田市内の横関整形外科医院長、繊維機械を製作・販売する㈱神村製作所社長、㈱伊藤プラスチック加工業社長、元味噌屋の社長で研究生の故掛川さんなど気の合った仲間がベンチャー企業をやっていた。

いつも研究室を訪れては夢のような大きな話をして楽しんでいた。当時、田舎では水洗トイレが普及していなかったので、し尿を公共の処理場へ運ぶバキュームカーが市内を走っていてし尿の臭いを町に振りまいていた。このベンチャー企業が取り組むいくつかの開発テーマの中に

「バキュームカーのし尿臭以上の悪臭はない、これを消そう」

という内容のテーマがあって、今は排出が規制されている強力酸化剤のクロム硫酸による分解装置をつくって、車に積んで臭いを消すテストをするという危険な実験をやっていた。

「クロム硫酸がもし吹き出したら大変なことになるし、あとの毒性のある六価クロムと硫酸の処理も問題である」

と指摘し、

「私が最近研究している中に、生体内で解毒の酸化酵素とよく似た働きをする鉄フタロシアニンという物質があるが、悪臭は生体にとって毒なので類似な反応で分解するかもしれない」

という詳しい話をした。

生体酵素・金属酵素

酵素は消化・吸収・代謝など生命を維持するための生体内の化学反応すべてに対して触媒として機能する高分子である。常温、常圧、水の中で人工触媒の何万倍も高効率で反応を進めるので、これに学び真似て新しい反応を見つけることは化学者の夢でもあった。酵素は主にタンパク質からできていて四〇〇〇種類以上の正体がわかっている。

昔、トマトなどの消毒に使った、硫酸銅(Ⅱ)塩を水に溶かすと薄い空色の溶液になるが、これは銅イオンの周りに水分子が六個（図１・１(a)の上下に遠く離れて位置する二つの水分子を含めて）集まってこれらの酸素と結合して集合体をつくるためである。ここにアンモニア水を加えると直ちに濃い青色に変わるが、

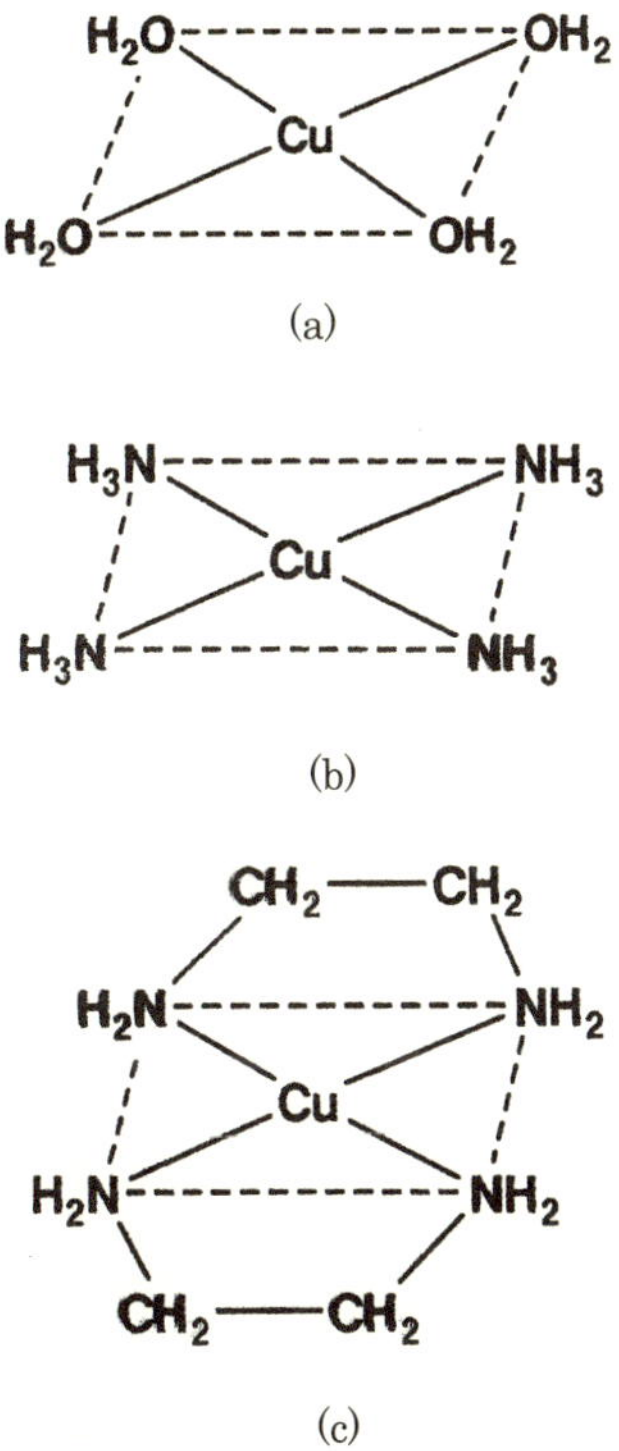

図 1.1　錯体とキレート

これは水分子とアンモニア分子が置き換わった構造によるためである（図1・1(b)）。金属を中心に他の原子、イオン、分子などが取り囲んでできる集合体を錯体という。金属と他の原子とは配位結合という化学結合で結ばれている。この配位結合はイオン結合、共有結合についでスイスのチューリヒ大学のウェルナーにより発見された。さらに、エチレンジアミンという化合物を加えると銅原子をカニのハサミで挟んだような構造（図1・1(c)）になる。エチレンジアミンのような化合物をギリシャ語で「カニのハサミ」(chela) といい、このような錯体をキレート (chelate) と呼ぶようになった。

金属錯体とタンパク質からできた金属酵素と呼ばれている酵素も多い。私たちがビタミンC（アスコルビン酸）を飲むと体内でアスコルビン酸オキシダーゼという銅(II)イオンを含む金属酵素が働いてビタミンCを酸素で酸化し酸化生成物と過酸化水素を生成する。過酸化水素は漂白作用や殺菌作用があるので美白や風邪に効果があるともいわれている。

豆科の植物は窒素肥料を与えると木ばかり大きくなって実がならない。根に根粒菌が寄生し空気中の窒素からアンモニアをつくるため、窒素過多になるからである。根粒菌に含まれる窒素をアンモニアに変える酵素、ニトロゲナーゼはモリブデンを含む金属酵素である。

酸化酵素の働き

われわれの体の中には、食物や大気から侵入してくる様々な毒物を分解し、封じ込め身をまもる

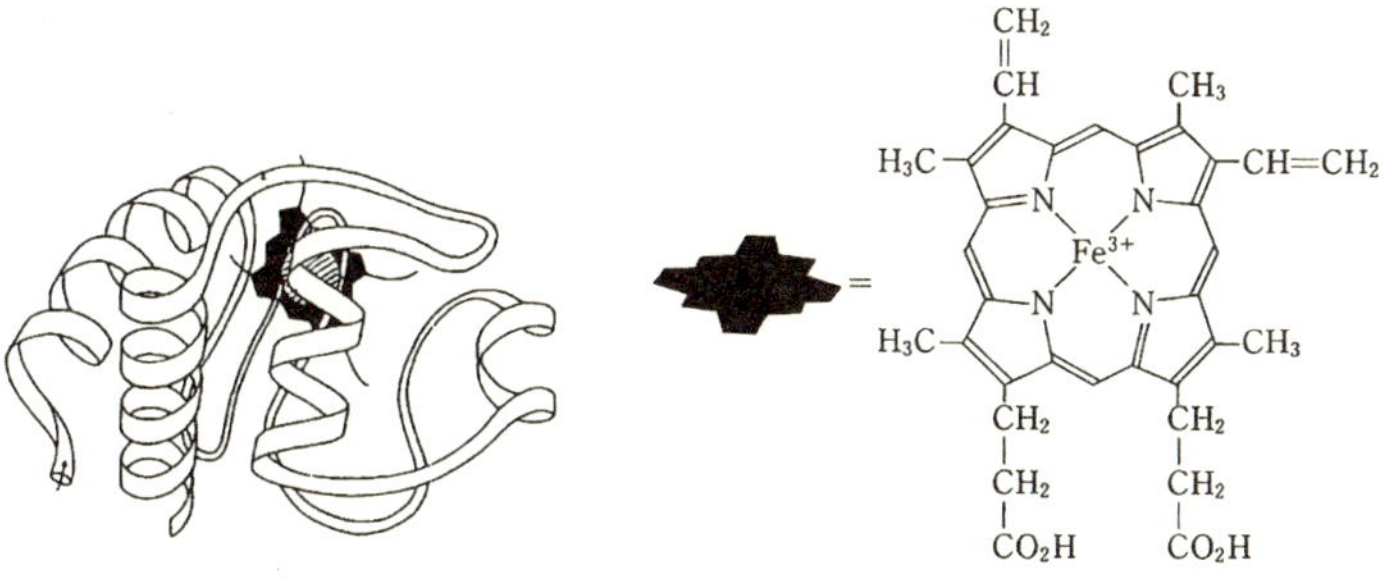

(a)　　(b)

図 1. 2　ヘム酵素 (a) とヘマトポルフィリンIX (b)（活性中心）(1)

仕組みがある。その一つが血液によって運ばれてくる酸素分子によって毒素を酸化し無毒化する一連の機能である。そこでは、酸化酵素と呼ばれるいくつかの生体触媒によって窒素、硫黄、酸素を含む反応しやすい分子が常温、常圧で速やかに酸化されるのである。

酸化酵素の中で、ヘムと呼ばれるヘマトポルフィリンIXとタンパク質からなる金属タンパク質がある（図１・２）。酸素を運ぶヘモグロビンや酸素を貯蔵するミオグロビンは鉄(II)-ポルフィリンを含むタンパク質であるし、鉄(III)-ポルフィリンを含むタンパク質は酸化酵素として動植物や微生物中に広く分布している。

その作用は、反応物 (SH_2) の水素を酸素が引き抜き、酸化生成物Sをつくる酸化反応である。

$$SH_2 + O_2 \rightarrow S + H_2O_2 \qquad (1)$$

この反応でオキシダーゼという酵素が働き、過酸化水素ができる。この過酸化水素を用いてさらに、強力な過酸化水素酸化を行うが、ここではパーオキシダーゼが働く。

$$SH_2 + H_2O_2 \rightarrow S + 2H_2O \quad (2)$$

生体内でできる余計な過酸化水素は毒なので、ただちに、カタラーゼによってつぎの反応で分解される。

$$2H_2O_2 \rightarrow O_2 + 2 \quad (3)$$

また、酸素分子を用い酸素原子を直接結合する酵素をオキシゲナーゼという。

$$S + O_2 \rightarrow SO_2 \quad (4)$$

この四つの酵素すべてがヘム酵素であり、反応を起こす中心となるのは、ヘマトポルフィリンⅨという鉄(Ⅲ)-ポルフィリン化合物である。天然の物質のポルフィリン環と、フタロシアニン環という人工の化合物はきわめて類似している（図1・3）。

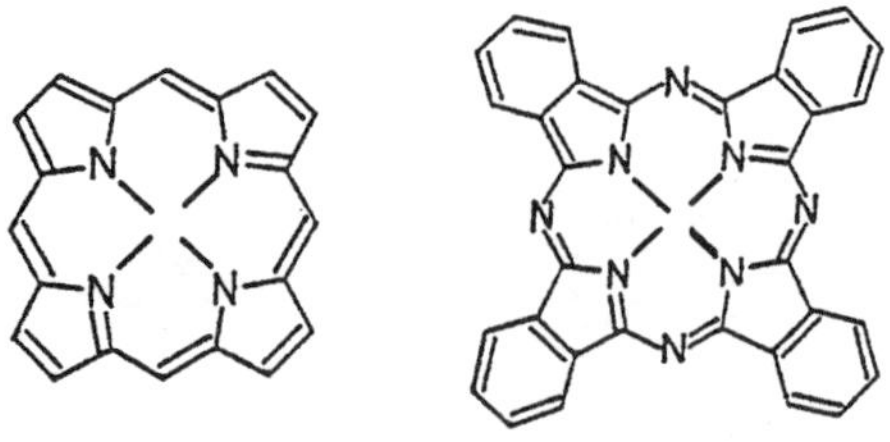

(a)　(b)

図1.3　ポルフィリン環(a)とフタロシアニン環配位子(b)。中心に鉄、銅などの金属が入る。

一九二八年、スコットランドの染料会社の鉄釜中でフタル酸とアンモニアとを反応させてフタルイミドを製造中、偶然に緑色の染料、鉄フタロシアニンが発見された。この化合物は、図1・3(b)の真ん中に鉄を結合した環状化合物である。その後銅を中心にした耐久性のある青い顔料、銅フタロシアニンができ、一〇〇年に一度の青色顔料の発見といわれた、緑色の塩素化銅フタロシアニンとともに新幹線の車体の青や緑色、CD-Rに使われている。

強烈な「臭い」が消えた!

「ヘムとタンパク質から構成されている酸化酵素は肝臓、皮膚、血液中などわれわれの身体や植物など生体のいろいろなところに分布し、食物や大気から身体に入る毒物を酸化して解毒する機能を担っている。この酵素が欠落すると体から悪臭を発するという話を何かで読んだ記憶があるが、これとよく似たフタロシアニンをクロム硫酸の代わりにバキュームカーの臭いを消す装置に使えないか」

と提案してみたところ、すぐに

「やろう!」

ということになり、し尿の臭いを消す実験が始まった。

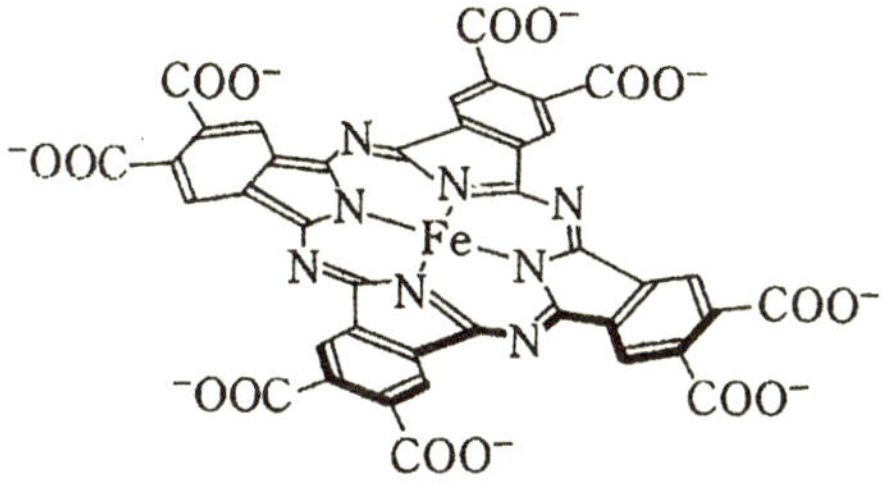

図1.4　鉄フタロシアニンオクタカルボン酸

第七章で述べるように、研究室ではすでに鉄(Ⅲ)-フタロシアニンオクタカルボン酸が導電性のポリフタロシアニンの研究過程の中で偶然合成され(図1・4)、生体内で生じる過酸化水素を分解するカタラーゼと全く同じ機構で高い活性をもつことを突き止めていた。研究室でつくった物質は純度が高いが少量でとてもバキュームカーの臭い消しなど使えるものではない。

そこで、つくりやすい銅フタロシアニンの合成法で鉄フタロシアニンをキログラムオーダーでつくることにした。フタル酸無水物、塩化第二鉄と農協で買ってきた一袋二〇キログラム、九〇〇〇円の尿素を中華鍋の中で混ぜ携帯ガスコンロ上で加熱すると濃いグリーンの鉄フタロシアニンができた。熱湯でよく洗い純度は低いがキログラムオーダーの濃緑色粉末が得られた。加熱するときものすごい煙が出るので千曲川の支流の依田川の河原でつくった。今ならば、消防自動車が来て即刻中止させられそうだが、当時は焚き火でもしているのだろくらいに思われていたのだろう。できた粉末を天然の粘土で酸性白土であるモンモリロモナイトと水に溶いて分散させアクリル板でつくった装置に入れ、社長たちが借りてきたバキュームカーの臭気の吹き出し口に取りつけ実車で試運転し、みんなで「におい」をかいだところ、臭いが緩和された。

「あの強烈なし尿の臭いが消えた！」

みんな半信半疑だった。教授に確認してもらうため、バキュームカーを大学内の広場に持ち込み実験をして見せたから、大学教職員のひんしゅくをかった。教授は、

「臭いのようなものは正体がわからないもの、消えたといっても何が効いているのかわからない。科学的でないのでやめた方がよい」

といわれたが、そんなことでやめる仲間ではなく自作の脱臭装置をもって牛舎、豚舎などでも効果を確認し実用化へと突き進んだ。牛のし尿を採取してきて脱臭装置を通過させると臭いが変わり

「女湯の匂いがするぞ」

「よくそんなこと知っているね」

などと冗談をいって作業をしていた。実験は都城高専から三年次に編入してきた檜垣君（現ダイワボウノイ㈱主任部員）を連れて勤務外の土曜日、日曜日に行われ、終わって家に帰ると
「くさい！」
といわれホースで水をかけられ、洗ってからでないと家に入れてもらえなかった。

「臭い」を消す繊維　産学共同開発へ

大学院修士課程を卒業して大和紡績㈱に就職していた南出君（現ダイワエンジニアリング㈱取締役）が五年間のブラジル工場勤務を終えて帰国して、訪ねてきた。

「新規事業部に配属されたが何か新しいテーマがないかと部長にいわれた。研究の中で開発テーマになるようなものはないか」

というので、

「私が会社に行って、今までの基礎研究の成果をすべて説明するのでどれが開発テーマになるかそちらで選んで欲しい」

と、四月一日に大阪御堂筋の大和紡績本社で部長、重役も加わった会合で説明した。ちょうどエイプリルフールだったので
「少しくらいホラでもいいか」

と難燃材などいろいろなテーマを話したように記憶している。その中に脱臭材の研究があった。数

日後、電話で、

「脱臭作用のある鉄フタロシアニンを繊維製品に応用したい」

という連絡があり、彼が会社から研究室に派遣されてきて脱臭繊維の産学共同研究が始まった。大和紡績㈱は当時からポリプロピレン（ＰＰ）の開発を熱心にやっていた関係で鉄フタロシアニンをＰＰに練り込んだ不織布をつくったが、何回やってもバキュームカーで実験したときのような脱臭効果はなかった。なぜモンモリロナイトに練り込んだフタロシアニンが臭いを消す作用があって、ＰＰに練り込んだらその作用がないのかそのときは全くわからなかった。期待した産学共同開発は数ヶ月で早くもとん挫した。

人工酵素の基礎研究

一九七二年、コロンビア大学のブレスロー教授が酵素の働きを有機化学的に研究し真似て合成するバイオミメティックケミストリー（酵素の化学機能を真似る化学）を提唱したが、これを拡張して生体系の有する各種機能の一部を化学的にシミュレートする手法に伝統的化学の人智を加え、生体系より優れた機能を創出し工学的に応用するバイオミメティックス（生体機能工学）を提言した[(1)]。飛ぶ鳥を見て飛行機をつくったように。

素晴らしい酵素の機能を工業的に利用しようとするとタンパク質でできているので熱に弱い、雑菌でやられる、有機溶媒が使えない、高価であるなどの欠点もある。そこで、タンパク質でなく人

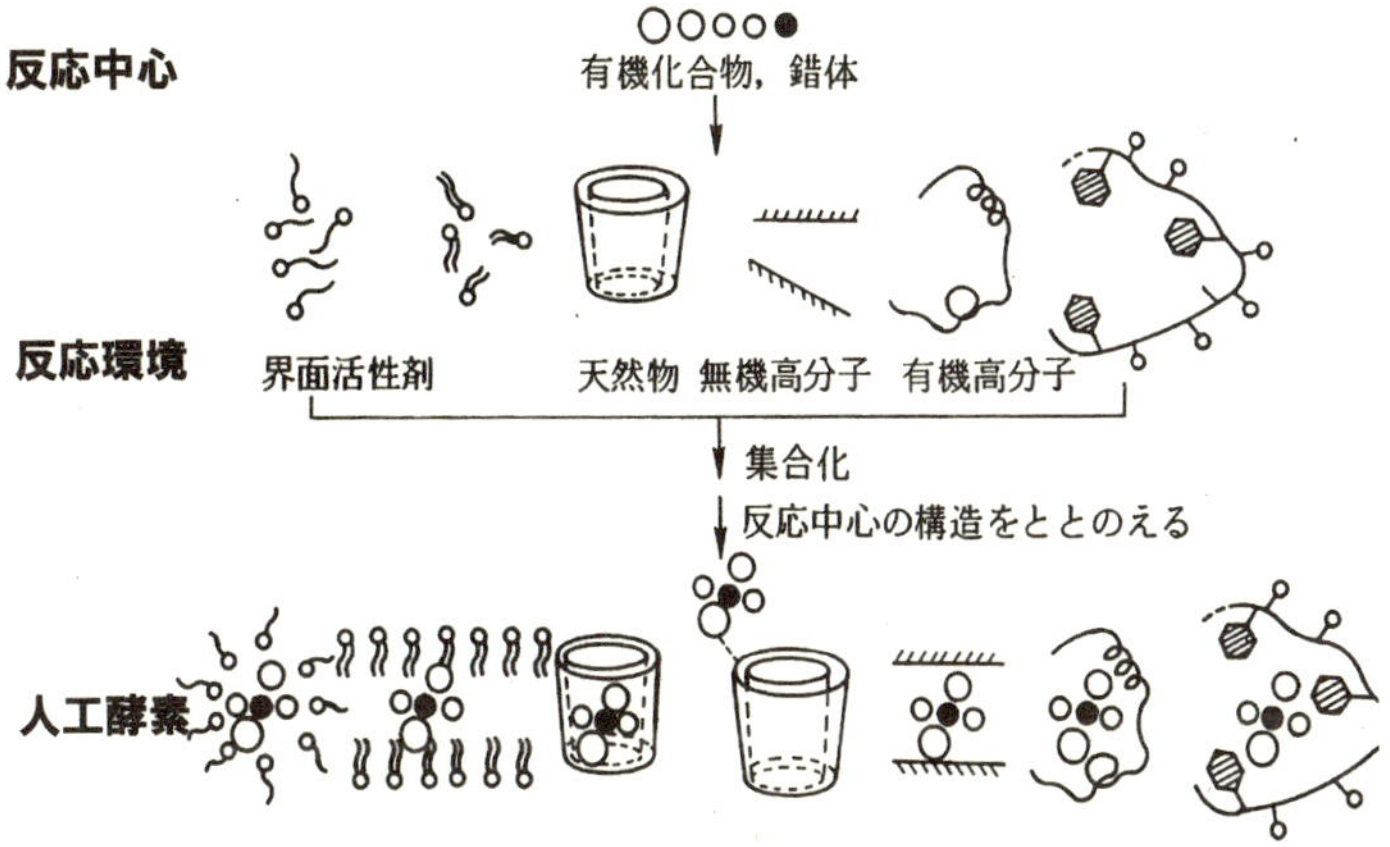

図 1.5　人工酵素のイメージと分子設計

工の材料で酵素の機能に似せたものはできないかと。酵素の働きを見ると、反応を開始する反応中心とそれを取り囲む部分がありそこで反応の効率を上げたり、反応する相手を選択したりする。有機化合物や錯体などの触媒作用をするものを反応中心に見立て、それを界面活性剤、高分子や無機物で取り囲んだら酵素と似た機能ができないかと多くの化学者たちが今でも挑んでいる（図１・５）。

現在ではこの化学合成酵素のほか遺伝子組換えによってタンパク質のアミノ酸を入れ替えてスーパー酵素、天然酵素を化学修飾し有機溶媒中でも働くように改造した酵素、酵素を樹脂でかためカラムに詰めて反応器（リアクター）にした固定化酵素などを総称して人工酵素と呼んでいる。

研究室で見つけた鉄フタロシアニンオクタカルボン酸（図１・４）は水に溶け、激しく過酸化水素を分解し、天然のカタラーゼ、過酸化水素分解酵素の五〇分の一の高い活性を示した(2)。調べてみると、世界中でそれまでにつくられた過酸化水素を分解する人工触媒の中で最も活性が高く世界のチャンピオンデーターだった。カタラーゼも図1・2のように、ヘマトポルフィリンIX（ヘム）の周りにタンパク質が巻きついた複雑な構造をしている。反応が起こる活性中心のヘムから周辺のタンパク質を外しヘムのみの活性は鉄フタロシアニンオクタカルボン酸の三三分の一しかない。しかし、タンパク質と結合することで一万倍も高い活性を示し、一秒間に六〇〇万個の過酸化水素を分解するようになる。生体内ではこのタンパク分子との複合物が生命の基本反応である究極の触媒である酵素の営みをしている。

われわれがみつけた鉄フタロシアニンオクタカルボン酸は中華鍋でつくった鉄フタロシアニンの周辺に八個のカルボン酸がついている。なぜ、周辺にカルボン酸があると活性が高いのか。そこで、周辺にカルボン酸を四つと二つもつ鉄フタロシアニンを合成した。二つは天然のヘムとほぼ同じ活性、四つはその約三・三倍、八つのオクタカルボン酸は約二九倍の活性を示した。また、カルボン酸を全くもたないフタロシアニンの活性は全くなかった。

カタラーゼの反応は、まず過酸化水素一分子がヘム鉄に結合しもう一つの過酸化水素を酸化還元し水と酸素に分解するが、それを取り囲むタンパク質のアミノ酸部分によって反応の速さが極端に加速される。なぜそんなことが可能なのか、酵素のタンパク質という高分子の生命機能の不思議さの解明に世界中の科学者が今でも挑んでいる。生命を支えている高分子の機能を解明してその巧妙な機能に学び人工の高分子で少しでも真似ることができれば、付加価値の著しく高い繊維やプラス

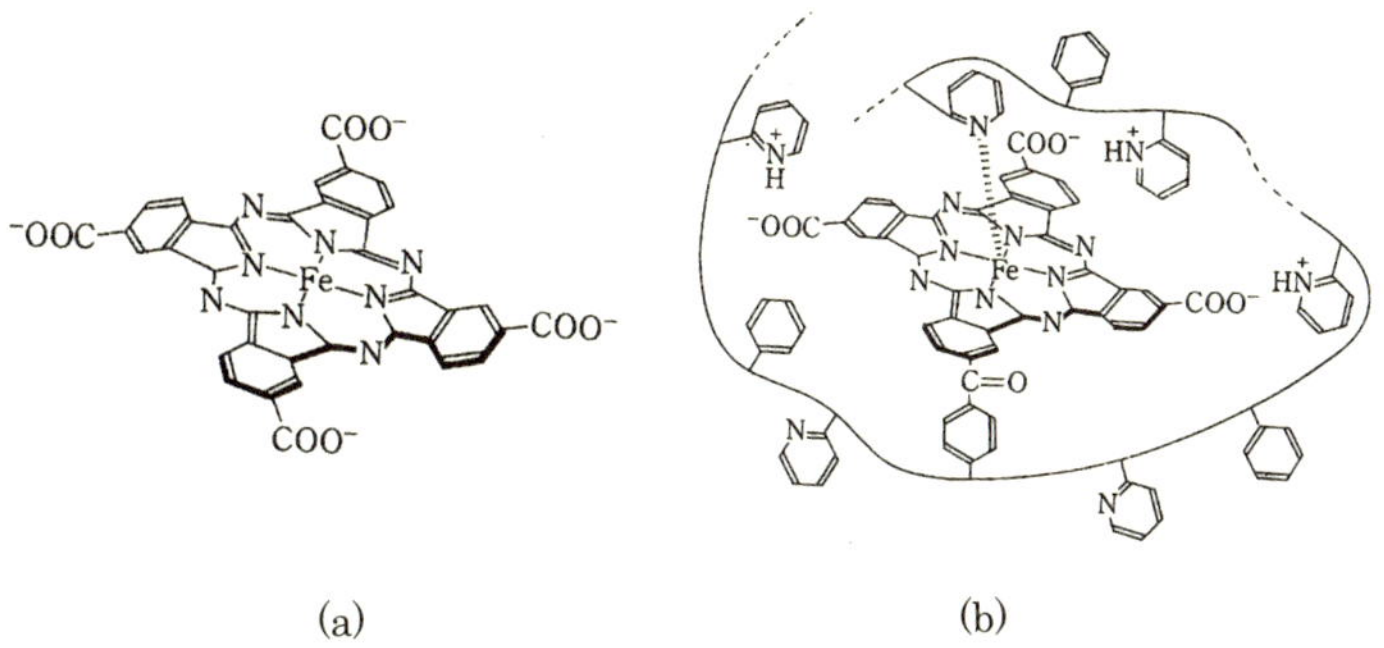

図 1.6　鉄（Ⅲ）-フタロシアニンテトラカルボン酸（a）を活性中心とする高分子人工酵素（b）

チックなどができるであろう。一キログラム数百円の繊維やプラスチックが一万円以上の価値をもつようになる機能をもつ高分子を開発しよう。機能高分子研究の目標である。

ヘムの反応を一万倍も加速するタンパク質をよく見ると、ヘム鉄の上に必須アミノ酸であるヒスチジンのイミダゾールの窒素が配位結合している。それが反応の増幅に関係がありそうだ、鉄フタロシアニンオクタカルボン酸の九分の一しか活性のない四つのカルボン酸をもつ鉄フタロシアニンテトラカルボン酸（図１・６(a)）にイミゾールとよく似た人工物２-ビニルピリジンを含む高分子に鉄フタロシアニンテトラカルボン酸を結合させた（図１・６(b)）。水には溶けないので細かい粉末にして水に分散させ過酸化水素と反応させると、不均一反応にもかかわらず、高分子に結合前の約一〇倍も活性が高くなりオクタカルボン酸よりさらに高い活性を示した。酵素のプラモデル、人工酵素である(3)。一般に化学反応においては不均一反応の速度は、均一反応より圧倒的に小さい。
　このように活性がなぜ異なるのか、原因はなぜか。その答えは鉄の電子状態にあった。

ヘム鉄(Ⅲ)の電子状態

　原子は原子核を中心にその周りを超高速で回る電子からできている。電子の数は一つの水素原子から一一三個の理化学研究所で発見されたUutまでの原子がある。水素原子は原子核の周りをただ一つの電子が回っているがその軌跡は球状になっている。電子が複数になると何層もの弧を描いて超高速で回っていて何層もの電子の軌跡、すなわち軌道がある。

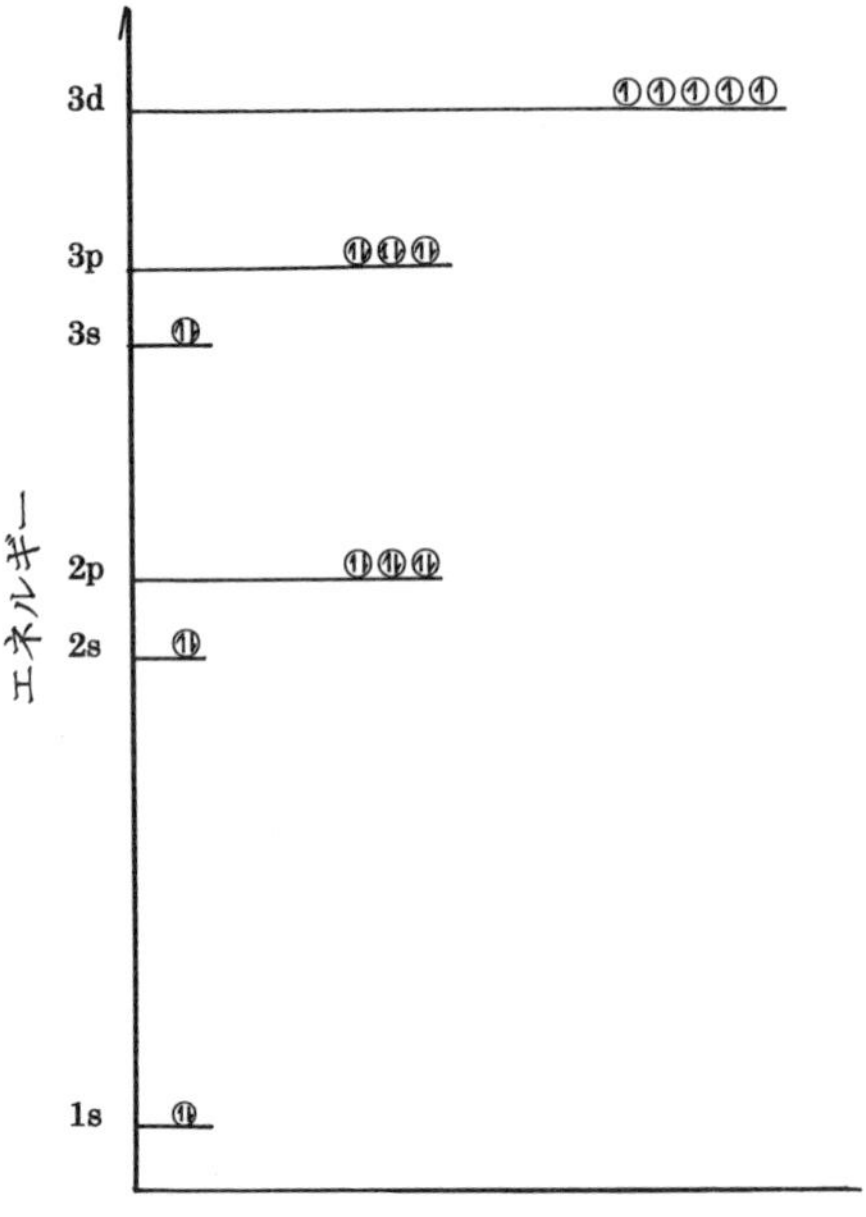

図1.7　鉄(Ⅲ)イオンの電子構造

　周期表で、鉄の原子番号は二六番目であるが、これは鉄原子が二六個の電子をもっていることを意味している。すなわち、鉄原子の電子構造はその核の周りを二六個の電子が何層もの軌道を飛び回っている状態をイメージするとわかりやすい。飛び回る電子の運動エネルギーは核の内側の軌道より外側のほうが高い。最もエネルギーの低い核の内側から外側へ向かって何層もの軌道が存在している（図１・７）。各軌道の形は図１・８のようなイメージを描くと理解しやすい。一番内側の軌道は 1s と呼ばれ、球状である。その上に 2s 軌道がある。その上の亜鈴状の 2px, 2py, 2pz という三つの p軌道、つぎに 3s 軌道、3px, 3py, 3pz 軌道、さらに高い、3dxy, 3dyz, 3dzx, $3dx^2$–dy^2, $3dz^2$ という x, y, z 軸にそった五つの軌道…と軌道は階層的に存在する。電子は核の周りを回るとき左右にねじれた運動（スピンをかけながら）をしながら回っている.

スピンの向きはプラスとマイナスで表す。電子は一つの軌道にはスピンの向きを逆にして二つまで入ることができる。電子はエネルギーの低い順位から順番にスピンの向きを逆にして埋まっている。今、1s という軌道に二つの電子が入っていることを $1s^2$ と書くと、鉄原子ではつぎの軌道から $2s^2$, $2p^6$, $3s^2$, $3p^2$, $3p^6$ までに一八個の電子が埋まっている。最も外側の 3d 軌道には最大一〇個の電子が入れるが、鉄原子では全部で二六個しか電子をもっていないので $3d^8$となる。鉄(Ⅲ)イオンとは鉄原子より三つ電子が少ない状態をいい $3d^5$ となる。すなわち、五つの 3d 軌道に五つの電子が入ることになる。

酸化酵素のヘムは三価の鉄ポルフィリンである。錯体ができるとき、三価の鉄イオンにポルフィリン環の平面の隅の四つのN原子の電子がｘ、ｙ軸から直接鉄イオンに近づくがこのとき、ｘ、ｙ

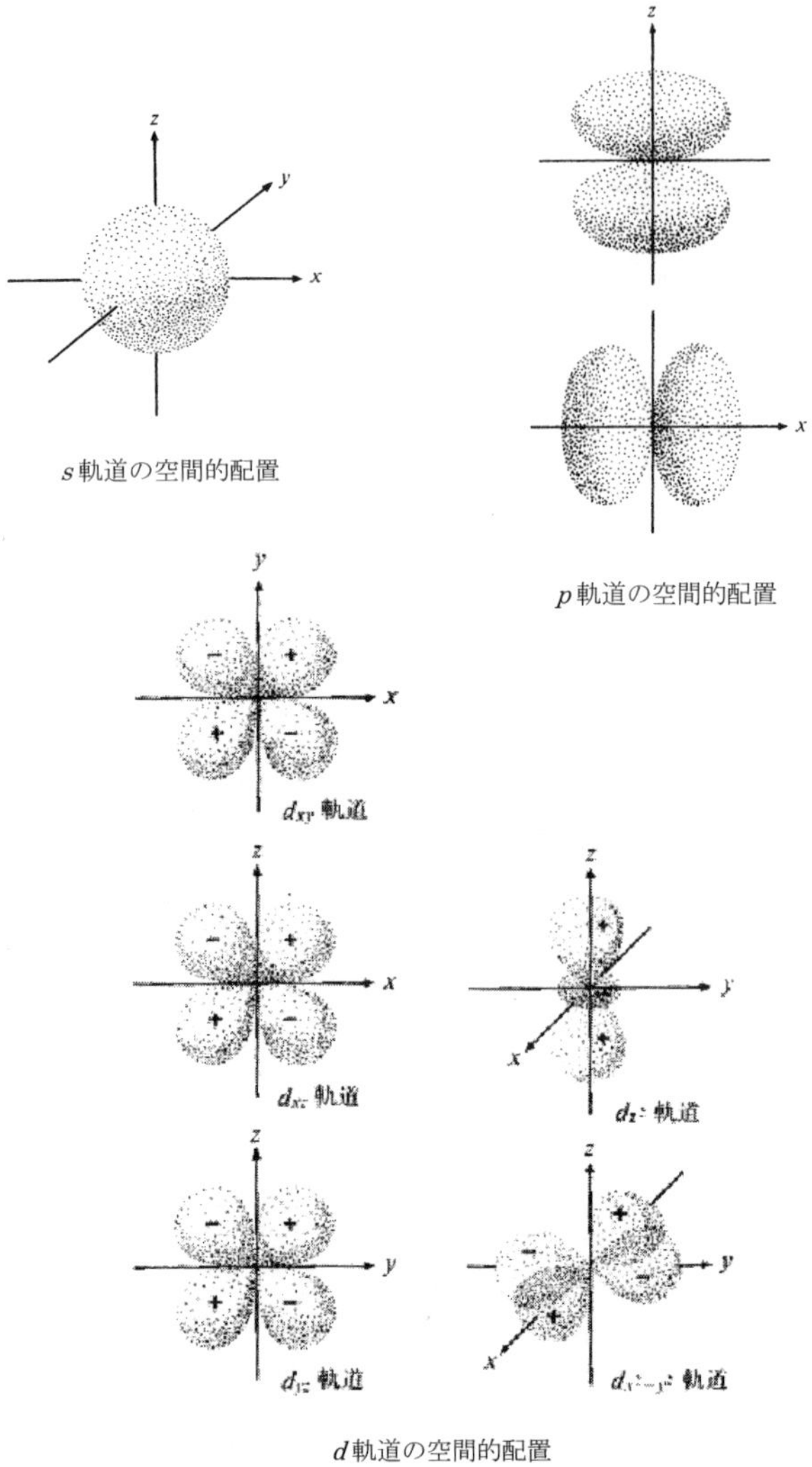

図 1.8　軌道の空間的配置。細かい点は電子の軌跡（F. Basolo, R.C. Johnson、山田祥一郎訳、配位化学、化学同人（1967））

軸上の軌道上に存在するdx^2-dy^2, dz^2の二つの軌道が反発して他の三つの軌道よりエネルギーが高くなり図１・８のような軌道のエネルギーレベルになる。この軌道配置に五つの電子が入る方法は図１・９(a)～(c)のように三とおり考えられる。(a)を三価低スピン状態、(b)を三価高スピン状態、(c)を三価中間スピン状態と呼んでいる。一九八一年、ノーベル化学賞を受賞した福井謙一先生のフロンティア電子論から化学反応は最も外側の電子状態によって支配される。酸化酵素のヘムは(b)の電子構造をもっており、それが究極の酸化還元（電子移動）機能を発現させている。

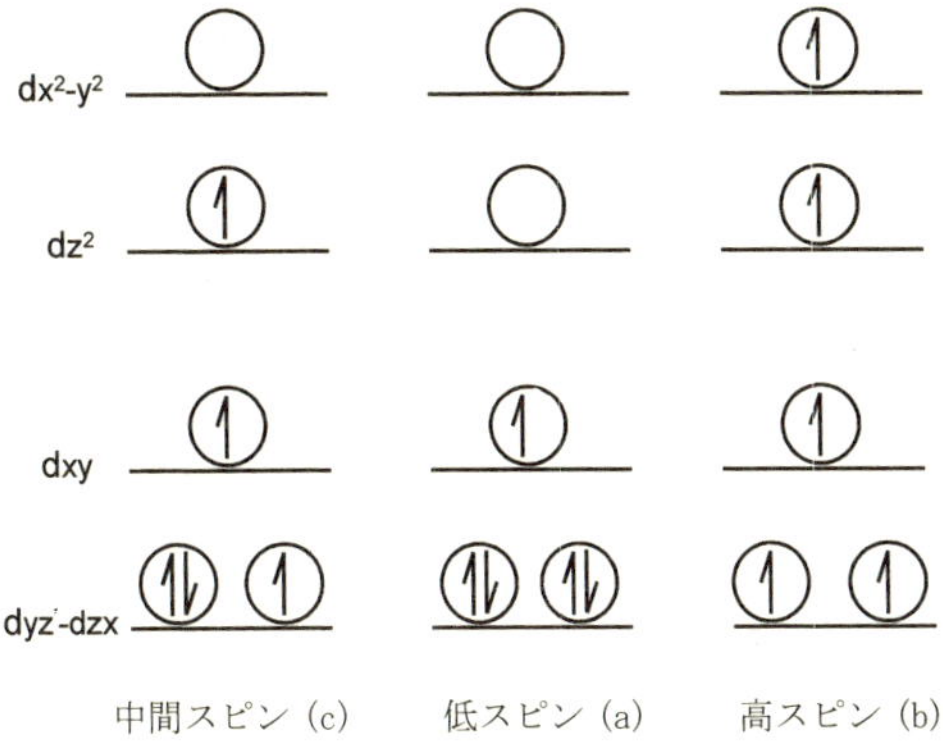

図 1.9　鉄（Ⅲ）-ポルフィリンの三つの電子配置

　東北大学大学院でカタラーゼなどの天然酵素の鉄の電子状態を研究して理学博士を取得し東北大学薬学部の助手になっていた卒業生の小林長夫君（現東北大学大学院理学研究科教授）が私たちの人工酵素フタロシアニンに興味をもち、鉄フタロシアニンオクタカルボン酸の鉄が天然のカタラーゼと同じ三価高スピン状態であり、全く活性のなかったポリプロピレンに混ぜた鉄フタロシアニンは低スピンという状態であることを解明した⑷。その後、カルボン酸を四つないし二つもつ鉄フタロシアニンテトラまたはジカルボン酸は、高スピンと低スピンの中間スピンの電子構造であり、鉄フタロシアニンテトラカルボン酸と高分子を複合させると三価高スピンになることが明らかになった(2)~(4)。

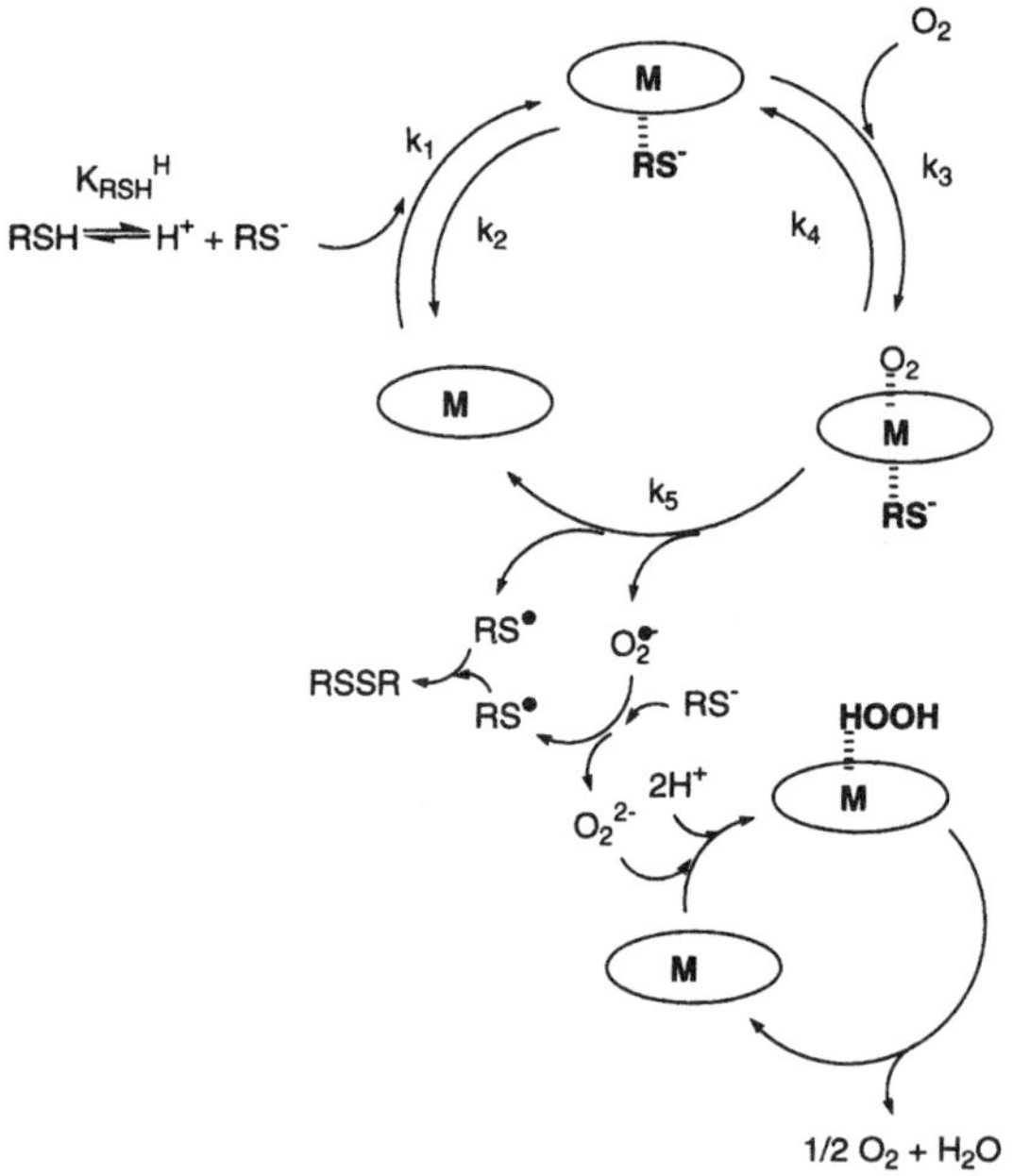

図1.10　オキシダーゼ様反応のメカニズム

カタラーゼのほか硫化水素やメルカプトエタノールという水に溶けるメルカプタンの酸素による酸化反応の鉄(Ⅲ)、コバルト(Ⅱ)-フタロシアニンの二、四、八個カルボン酸による触媒作用を大和紡績㈱の社会人博士課程の築城君（現ダイワボウノイ㈱国際開発部）が詳細に研究した(5)。メルカプトエタノールのＲＳＨ基は金属に結合しフタロシアニン面の反対側にある酸素分子に電子一つを渡し、ＲＳＨはＳラジカルになり２Ｓラジカ

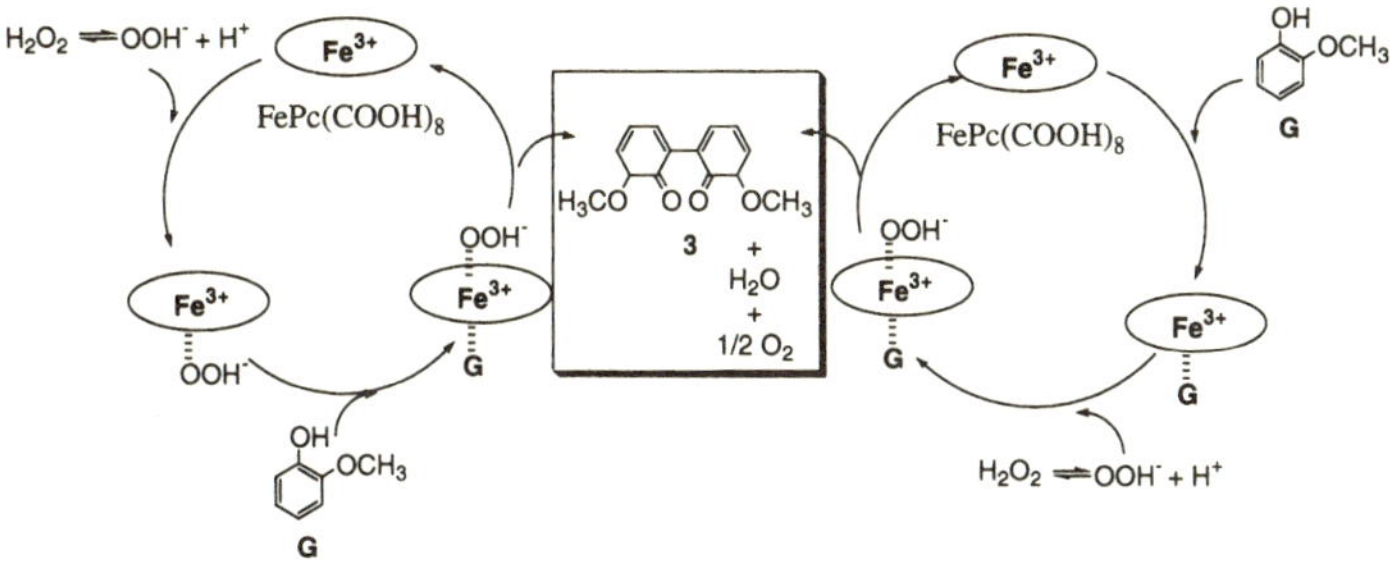

図 1.11　グアヤコールの鉄（Ⅲ）-フタロシアニンオクタカルボン酸のパーオキシダーゼ様反応。G：グアヤコール

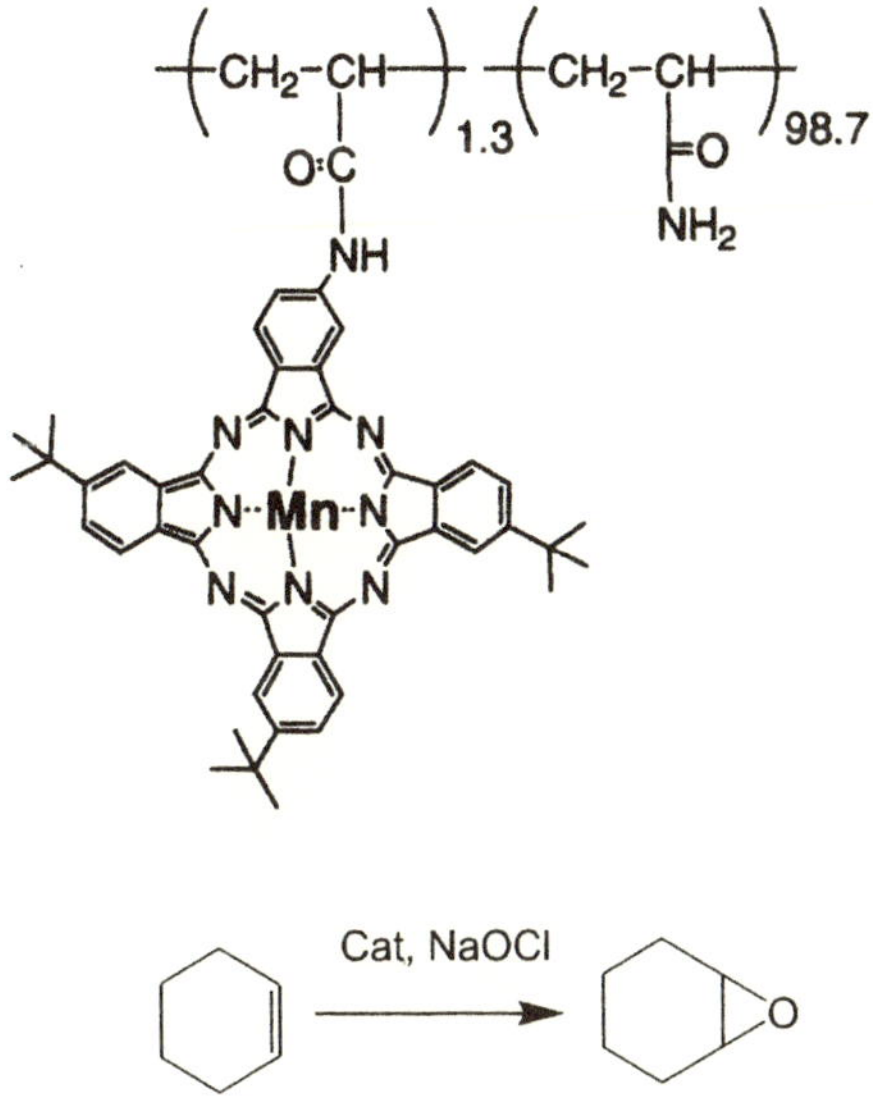

図 1.12　マンガンフタロシアニン高分子を触媒とするモノオキシゲナーゼ反応

ルが結合しＲＳ-ＳＲになる。酸素も酸素マイナスイオンになり過酸化水素を経て酸素と水にもどる。酸化酵素と非常によく似た機構（図１・10）で反応が進行した。ここでもカルボン酸の多い高スピン型が抜群に高い活性を示した。一般に化学反応は不均一反応の場合が均一反応より反応速度は極端に遅いのが常識である。しかし、ここでもコバルト(Ⅱ)-テトラカルボン酸を2-ビニルピリジン、スチレン高分子に結合したものは不均一系であるにもかかわらず、コバルト(Ⅱ)-フタロシアニンテトラカルボン酸の均一反応の場合の一〇倍も活性が高いという驚くべき結果が得られた。

酸素酸化反応に極微量の過酸化水素を存在させると速度はいっぺんに一千倍も速くなる、パーオキシダーゼと類似反応である。コーヒーのにおい成分グアヤコールの酸化反応で確かめられた（図１・11）[6]。筑波大学から博士後期課程に木村君（現信州大学准教授）がきて多くの新しい金属フタロシアニンとその高分子結合体を合成し酸素添加酵素オキシゲナーゼモデルをつくった（図１・12）[7]。金属フタロシアニンを核に毬藻のような構造をもつ新しい人工酵素も創出した[8]。

消臭繊維ができた！

大学院修士課程を修了し予備校に勤めていたが、ずっとこの研究に携わってきた檜垣君を口説いて大和紡績㈱に入社してもらい、播磨工場にパイロットプラントをつくって鉄フタロシアニンオクタカルボン酸のキログラムオーダーでの合成に着手し成功した。このフタロシアニンは濃緑色の粉末で水に溶ける。脱臭材にするにはこれを繊維などに分散結合させなければならない。繊維は強さや硬さを発現する結晶部分と柔らかさやしなやかさを発現する非晶部分からなっている。一般に繊維の結晶部分には染料などの異物は吸着しない、フタロシアニンのような大きな分子を繊維に吸着させるには結晶性が高いと余計難しい。大和紡績㈱にはたまたま結晶化率一六パーセントと著しく低いレーヨンのスフがあった。鉄（Ⅲ）-フタロシアニンオクタカルボン酸を水に溶かしてレーヨン繊維を浸す染色と同じ方法で担持した。卒業生で大和紡績㈱の小松取締役担当部長は繊維加工も専門で実用レベルの鉄（Ⅲ）-フタロシアニンオクタカルボン酸で染めたレーヨン繊維の大量製造法を確立した。レーヨンスフに結合した鉄フタロシアニンはちょうど活性中心でありレーヨン繊維はそれを取り囲むタンパク質を想像させ鉄は三価高スピンで、人工酸化酵素繊維である（図1・13）。

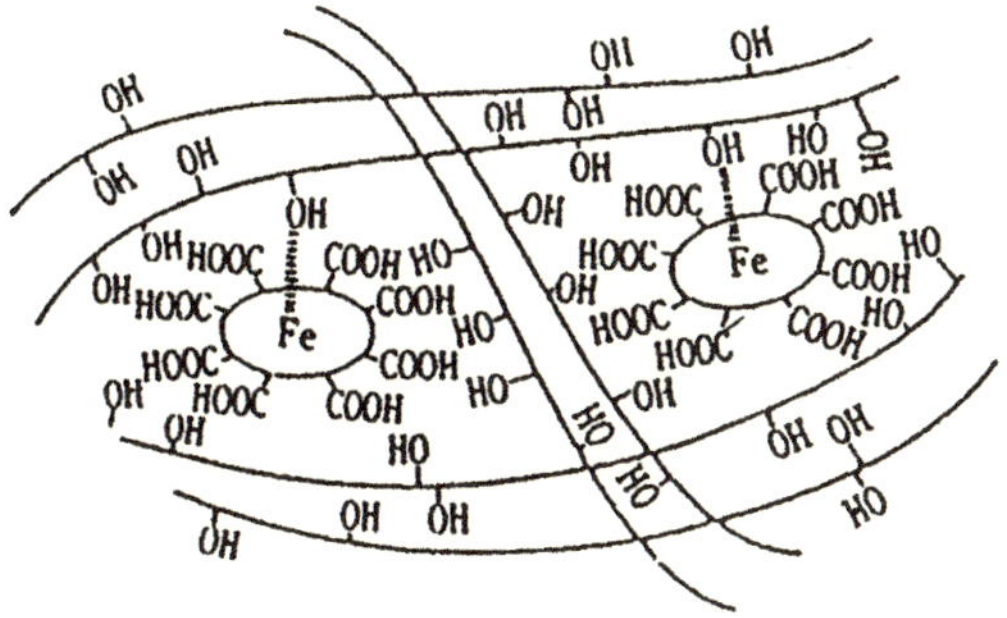

図 1.13　人工酵素繊維（レーヨンスフに結合した鉄（Ⅲ）-フタロシアニンオクタカルボン酸）のイメージ

　この繊維の過酸化水素の分解活性は、予想どおり単独の鉄フタロシアニンよりさらに大きくなった(9)。

　繊維は表面積が大きく、また結晶性の低いレーヨンは親水、疎水部両方あり反応物質を広く引きつけることができるなど、触媒の保持剤としては最適であった。触媒が繊維状であれば用途は極端に広い。開発チームの夢は膨らんだ。

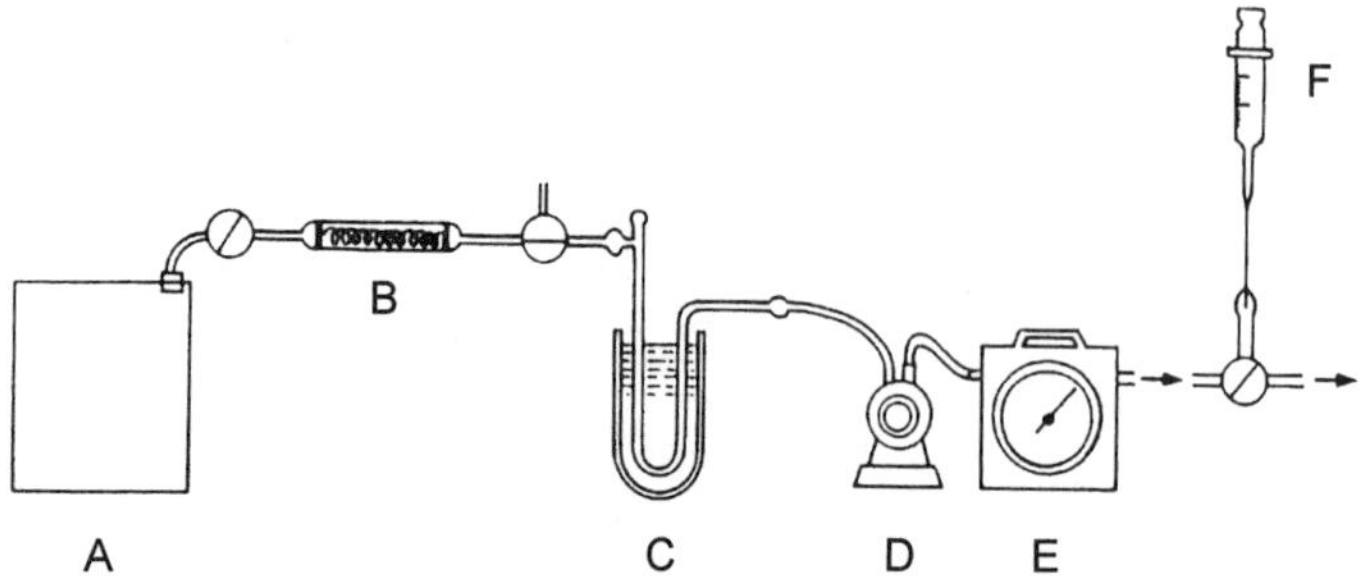

図 1.14　フロー法による消臭繊維の消臭機能評価装置。A : 20 l テドラーバッグ、B : 消臭繊維を詰めたフィルター、C : 液体酸素による濃縮装置、D : ポンプ、E : 流量計 0.1 l/ml、F : サンプルシリンジ（ガスクロマトグラフィー分析用）

さっそく、実験室にガラス管に人工酵素繊維を詰めたフィルターを用い、臭いを消す効果を測定するフロー法という評価装置（図1・14）(10)を設置し、バキュームカーのし尿を持ち込んでフィルターを通しにおいを嗅ぐと悪臭は全く消えていた。悪臭物質を酸化酵素と類似機能により臭いを消す人工酵素繊維が世界で初めて開発された。「臭い物質を積極的に臭わない物質に変え、消してしまう繊維」ということで「消臭繊維（odor removing fiber）」と名付けた。当時、防臭、抗臭という言葉はあったが消臭は一般には使われていなかった。この成功で大和紡績㈱と共願特許を出願した。

消臭繊維の商品化

人工酵素繊維の消臭効果が確認されたので、レーヨン綿（わた）に人工酵素を加工しポリエステル綿（わた）と混ぜたふとん綿からふとんをつくった。横関院長が経営している重症身体障害者施設に大和紡績㈱がふとんを持ち込んで消臭効果を確認した。この施設では大小便の失禁による悪臭がたち込め、

「おまえは臭い」

とけんかが絶えなかったという。消臭布団を使って一週間後には施設内の臭いは緩和された。

「臭いが消えた」

「園内の子供のけんかがなくなった」

などと介護士さんがびっくりしているという。半信半疑で施設の現場で確かめたが本当に臭いは感じなかった。消臭ふとんの実用化に十分な自信をもった。企業からも確認にきてもらい商品化をすることになった。

一九八四年十一月のある日、信濃毎日新聞の記者が機能高分子学科の私の研究室を訪ねてきて

「信州大学の先生が今どんな研究をしているかを紹介する科学面の連載をしている。機能高分子という新しい学科で助教授になって研究室をもったばかりの先生の研究を取材させてほしい」

という。研究室では大和紡績㈱から派遣された研究員の檜垣君が消臭繊維によるし尿臭の消臭評価実験をやっていた。し尿をフラスコに入れ消臭繊維を詰めたガラス管を通して出てくるガスのにおいを出口で嗅ぐ。一般の人が見れば、

「何を変なことをしているのだろう」

と思ったのだろうが、そこは新聞記者、彼から詳細を聞いてしまったのである。

「消臭繊維の話をぜひこれとは別の記事にさせてほしい」

という。

「特許出願もまだ取れていないので、共同企業に迷惑をかけるのでちょっと待ってほしい」

しばらくやり取りして記事にしないことで記者は了解した。一週間後、学科の忘年会が沓掛温泉であった。翌朝、旅館のフロントに二日酔いで行くとおかみさんが、

「白井さん、何悪いことしたの！（冗談）新聞一面のトップに顔写真が載っているよ」

という。新聞には「消臭繊維を開発、白井信大助教授」「イヤなにおいサット」と大きく出ている。記者が約束を破ってスクープにされてしまった。後の祭りである。信濃毎日新聞社は地方では大きな新聞社で、二五〇万部以上を発行・販売している。中身を読むと「産学共同の成果」「大阪の紡績会社と特許申請」「まずふとんで商品化」「靴下や下着などに利用へ」などとある。当時は産学共同がタブー視されているときである。大学本部の学長や事務官が苦々しく見ているだろうなと一瞬思ったが、時すでに遅きである。同僚の先生は、

「教官会議でやられるぞ、注意したほうがいい」

と心配してくれた。

しかしこれが、後につぶされそうになった繊維学部を救うことになったのだから皮肉なものである。とにかく研究室に戻ってみると、鍵のかかった助教授室の前に一〇人くらいの知らない人が並んでいて、

「どんな繊維か知りたい」

「権利を分けてくれないか」

「一緒に商品開発をさせてほしい」

など質問攻めにあった。どこで知ったか某有名なインソール会社の社長さんも並んでいた。どうすればよいかわからなかったので名前と所属、希望を聞いて引き取ってもらった。

その日のうちに共同通信から朝日、毎日、読売、日経などの全国誌に広がった。問い合わせはさらに激しくなり、つぎの日から研究室と自宅の電話が鳴りっぱなしになり、研究室の技官の増田さんとともにその整理で研究どころではなくなった。この状態は数ヶ月以上続いたと思う。新聞のつぎはテレビ、ラジオである、ＮＨＫの有名キャスターが二日がかりで取材、ズームイン朝など民放の取材。ＮＨＫ国際放送ラジオジャパンでも紹介され、つぎの年の秋、日本学術振興会の交換教授で中国に行ったが、すでに中国科学院化学研究所や西安近代化学研究所の先生たちが知っていて、

「中国に技術を教えてほしい」

というので驚いた。中国の新聞にも載っていたのである。

「バスの車掌をしているが体臭がひどく悩んでいる、その繊維の下着をつけると臭いが消えるか？」

など全国から手紙も段ボールに一杯きた。

純粋な錯体化学でたまたま消臭繊維ができ実用化されるとなると、

「臭いでこんなに困っている人が沢山いて、この技術はこんなに喜ばれるのか」

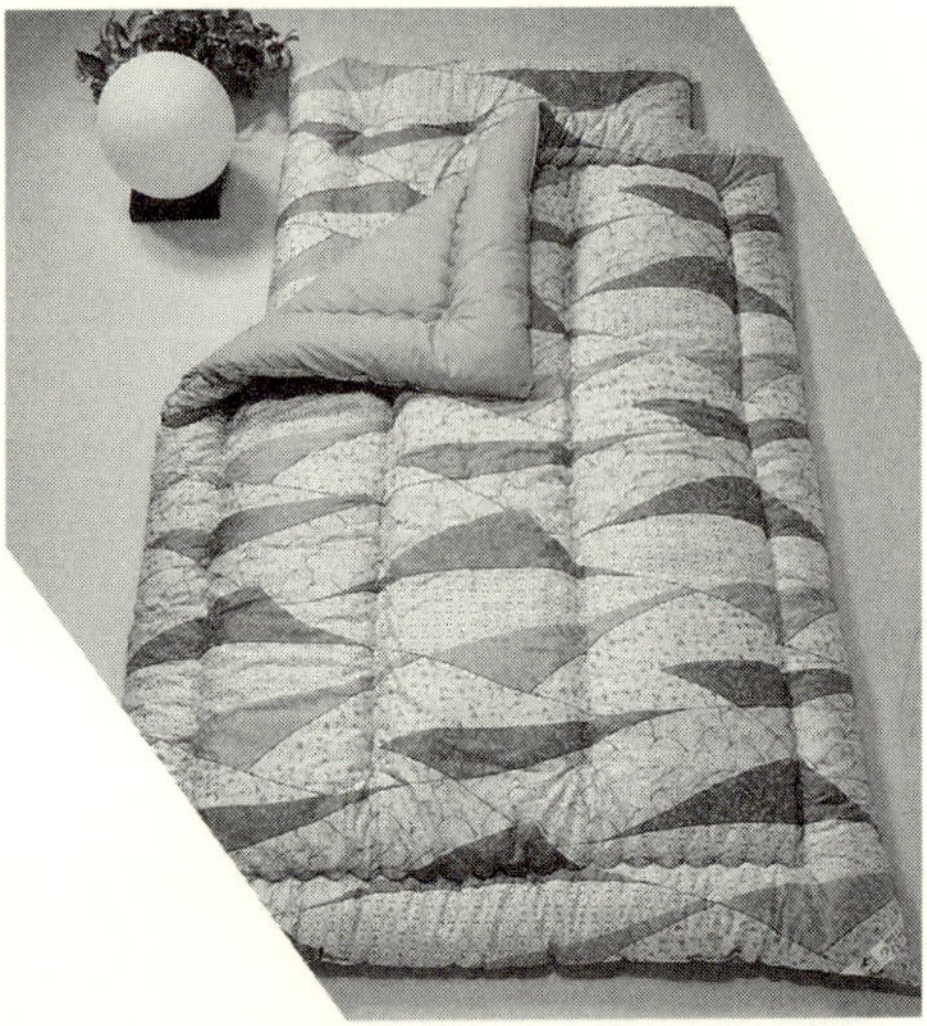

図 1.15　商品化された消臭ふとん（大和紡績㈱）

「国の税金を使っている国立大学に求められている一つは、これだ！」と実感した。

マスコミが騒いだので大和紡績㈱も早急に消臭繊維を商品化せざるを得なくなった。

急ピッチで商品化が進み、産学共同研究が再開されて半年後の二月には素晴らしい消臭ふとんが上下五万円で発売され、

「においで悩む人に朗報！」

これも大きなニュースになった（図1・15）。その後、人工酵素、鉄（Ⅲ）-フタロシアニンオクタカルボン酸は美智子妃殿下の弟さんが社長をしていた日清製粉㈱が多額の投資をし大量生産するプラントをつくり生産することになった。日清製粉㈱の上田工場はビタミンE、P、L、Kなどの薬を製造していたファイン化学工場だったが、そこで、銅クロロフィリンを蚕の糞から抽出し製造していた。ポルフィリンの精製ろ過技術があったことが一つの理由だった。安全性と化合物審査法という新規化合物の製造許可

を取って大量生産のプロセスができ量産体制に入った。ふとん綿は〇・一パーセントと、ごく少量で機能を発揮するので最初はそれほどの需要はなく。一回に二五キログラムできるプラントは止まっていることが多かったのでその後プラントは停止した。その後、一回で、一キログラムできる小

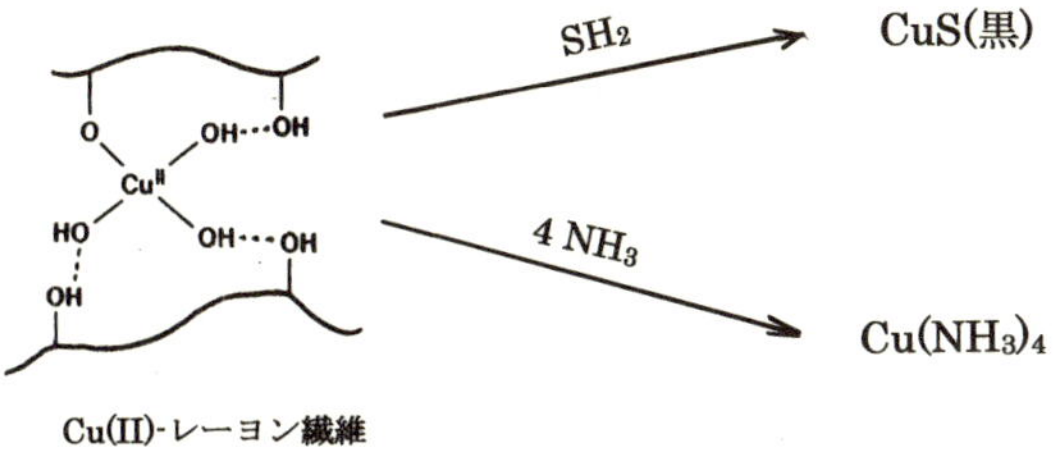

図1.16　銅（II）-レーヨン繊維による消臭メカニズム

ロットで、オリエント化学工業㈱が製造し、現在、デオラーゼという商品名で鉄、コバルトフタロシアニンカルボン酸、スルホン酸シリーズが製造・販売されている。一セット五万円のふとんはいくら高級品でも高すぎた。

「もっと安く消臭繊維ができないか」

レーヨンと銅(II)-アンモニア錯体を水溶液中で反応させ銅(II)-レーヨン錯体繊維を開発した。この繊維は硫化水素ガスと瞬間に反応し硫化銅となり、アンモニアガスと反応し銅アンモニア錯体になり、瞬間的に消臭機能を発揮する（図1・16）。ただし、サイクル反応ではないので繰り返しに対する耐久力は低く、黒く着色する欠点がある。

大和紡績㈱は鉄(III)-フタロシアニンオクタカルボン酸で染めたレーヨン綿をA綿、銅レーヨン綿をD綿と称して、混合して消臭ふとんの綿としていた。ところがD綿を特許にしてなかったので消臭

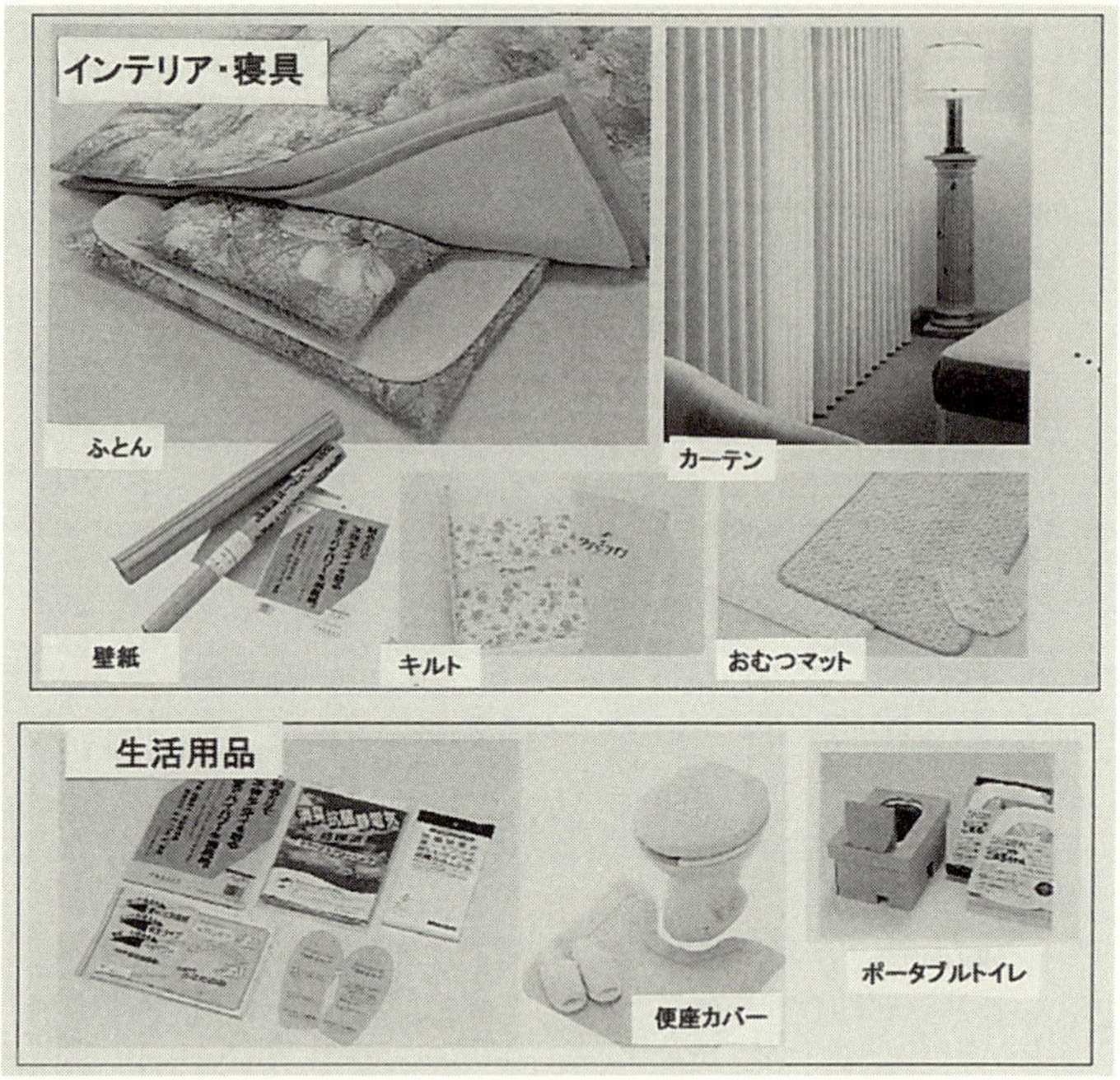

図 1.17　いろいろな消臭商品の一部（大和紡績㈱）

原理が見破られ、大手の繊維会社がこぞって合成繊維や天然繊維を金属錯体加工し一セット一万円の安い消臭ふとんが販売されて、せっかくの売り上げは極端に減ってしまった。しかし、錯体化繊維の消臭耐久力の低さと、変色のため、現在でもA綿が使われている。知的財産の戦略の重要性は今でもこの経験から身にしみて感じている。その後、鉄(Ⅲ)、コバルト(Ⅱ)-フタロシアニンで加工したレーヨン、カチオン化綿の表面に効果的に人工酵素を加工する方法が大和紡績㈱ほかで確立され、木綿、レギュラーレーヨン、羊毛、羽毛、アクリルなどの合成繊維、紙パルプ、ゼオライト、アルミナ、活性炭などの消臭素材を多くの企業と共同で開発し、当初は介護用寝具、おむつカバー、犬の引き綱、カーペット、トイレ消臭器を販売していた。その後、電気毛布、電気カーペット、エアコンフィルター、スタンプソックス、ポータブルトイレ、ガスファンヒーター、猫砂などいろいろな商品に展開された（図１・17）。

第二章　人工酵素——なぜ臭いを消すのか？

「臭い」を消す機能の評価

「消臭繊維の開発」の報道があまりにも大きな反響だったので、なぜ悪臭が消えるのかそのメカニズムを科学的に証明しなければならなくなった(11)、(12)。

まず、一グラムの消臭レーヨンスフ繊維を二・五リットルのポリエチレンフィルム製袋（テドラーバッグ）に入れ、三大悪臭と呼ばれる卵や玉ねぎの腐った臭いの硫化水素、メルカプタン、魚の腐った臭いのトリエチルアミン、とアンモニアガスを各二五〇ｐｐｍずつ入れ、一定時間ごとにガス検知管で濃度を測定した。硫化水素、メルカプタンは約三〇分間で硫黄、スルフィドに転換し臭いは消え、また緩和した。ガスを何回追加しても同じ挙動で除去できる（図２・１）。

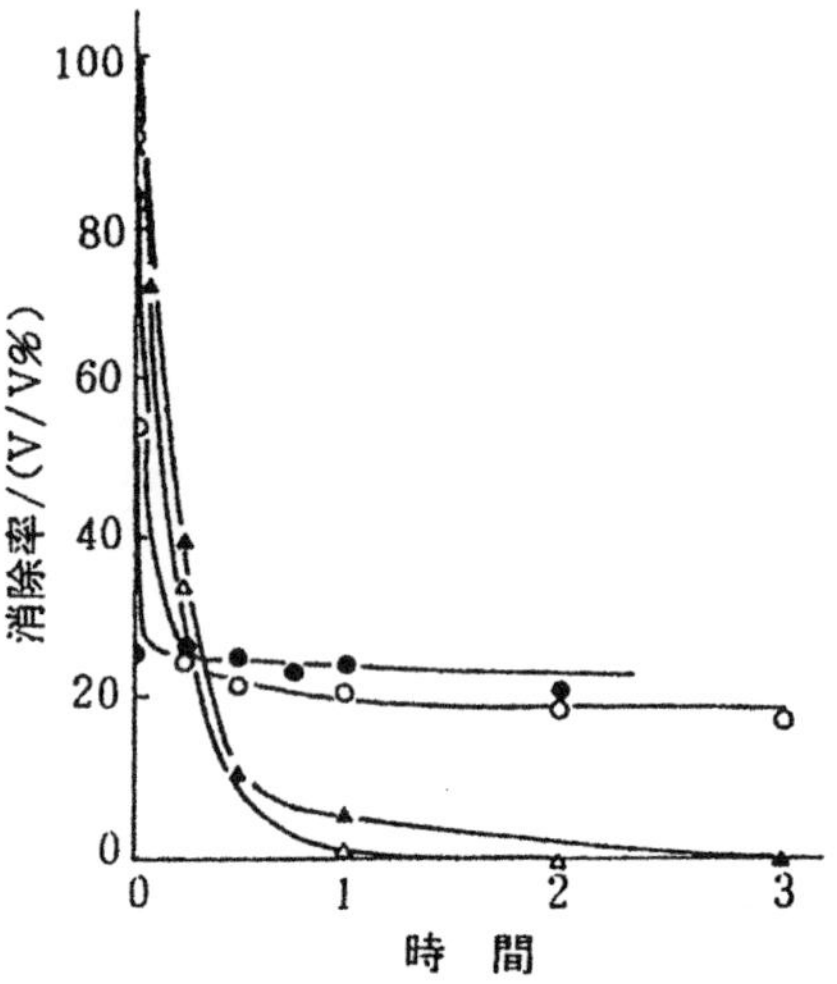

図 2.1　人工酵素による四大悪臭ガスの消臭効果。鉄（Ⅲ）-フタロシアニンオクタカルボン酸を結合したレーヨン繊維を1.5lのテドラーバッグ中に入れたときの検知管による濃度測定。
△：H_2S、▲：CH_3SH、○：NH_3、●：$N(CH_3)_3$

　後に知ったことだが、動物の死体を土中に埋めておくと何年か経てば臭いも消え骨以外何もなくなってしまう。土壌中の細菌が、たとえばタンパク質を分解し悪臭ガスができる。硫化水素やメルカプタン類を生成するこれらのガスはさらに別の菌で無臭の硫酸、硫黄、硝酸、炭酸ガス、水に分解する。このとき微生物中で働いている酵素は一連の酸化酵素だったのである。鉄（Ⅲ）-フタロシアニン系消臭繊維はこれらの酵素と類似の反応で消臭していたのである。

トイレに吊るしてある木炭の臭いを消す機能は昔から知られている。木炭をもっと効率良くしたのが活性炭である。活性炭には無数の細かい穴があいていて、そこに悪臭物質が吸い込まれて空気中の濃度が減少して臭いが消えたと感ずる。物理吸着といわれ、細孔に吸い込まれた悪臭物質は飽和し、加熱すると再び空気中に移動し臭いを発生する。消し炭をつくり乾燥中にネコがオシッコし、それを知らず、コタツに使い、ネコの尿の強烈な臭いを体験した人もいると思う。どのくらい吸着できるのか、消臭能力

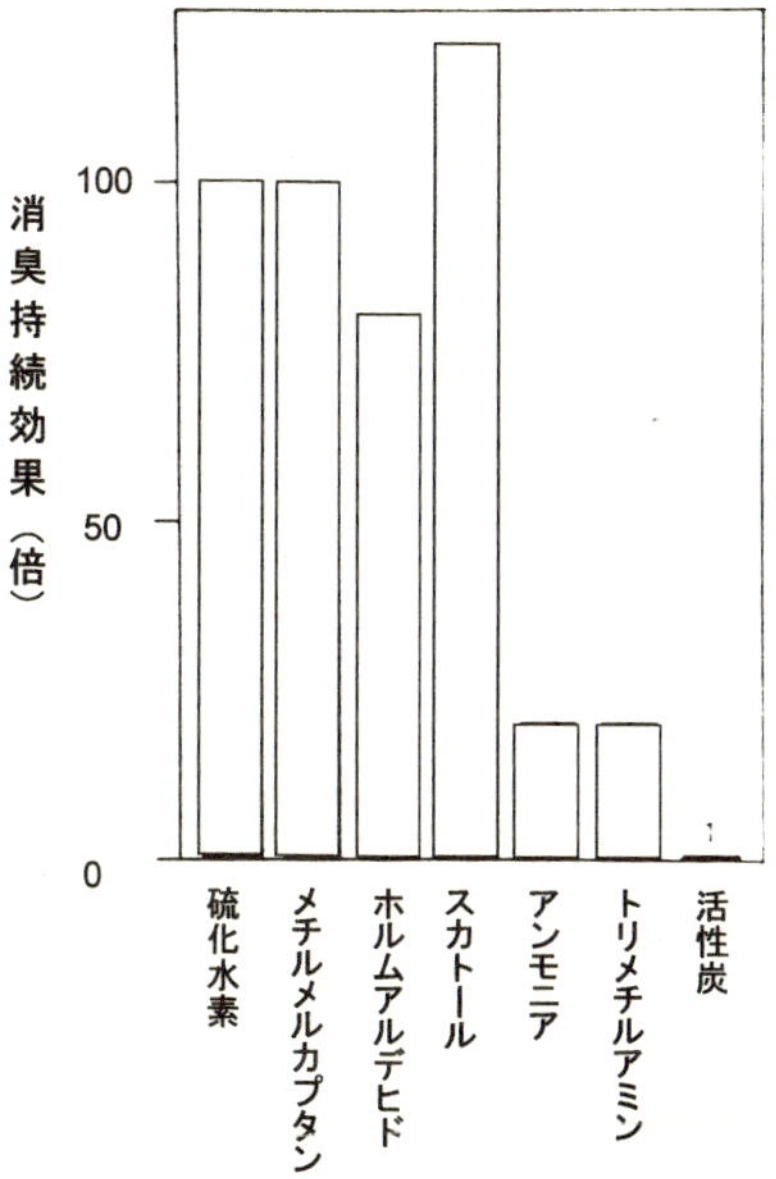

図 2.2　人工酵素繊維の悪臭ガスの処理能力（対活性炭）。鉄（Ⅲ）-フタロシアニンオクタカルボン酸を結合したレーヨン繊維。

は活性炭と比較してどうなのかが問題となる。消臭繊維の消臭能力（容量）、耐久力評価装置を吉村当時長野県知事の協力で長野県工業試験場（現長野県工業技術総合センター）と開発した。消臭繊維は硫化水素、メルカプタン類、タバコの刺激臭アルデヒド類、糞臭のインドール、スカトールなどは酸化酵素類似反応で消臭でき、同じ容積の活性炭と比較して約一〇〇倍の耐久力を示し何度でも繰り返し使用できる。カルボン酸の中和反応による消臭作用であるトリメチルアミン、アンモニアは活性炭の一〇倍程度であった（図２・２）。

障害者施設内の悪臭物質は何だろう。数ｐｐｍまで測定可能な検知管では臭気物質がゼロとなっていても不快な臭気がある。もっと低濃度の臭気物質がそこにあるのだろうか。消臭ふとんはどのように臭気分子を消しているのだろう。科学がまだ発達していない大昔、匂いは姿形の見えない、ものの化として気味の悪いものとされていたそうである。

「匂い」を感ずるメカニズム

トイレ、居間、下水など、悪臭は様々なところで発生する。臭いのもとは空気中に拡散して鼻に入ってくる。ヒトの鼻の上部には二千～三千万個の匂いを感じる「におい細胞」がある（図２・３）。悪臭分子はこのにおい細胞に溶け込み細胞膜に吸着し電気が起きパルスを発生させる。パルスは三叉神経を通って脳に伝達される。数千万個の細胞の検知能には差がなく、味覚のように特定のうまみ分子を取り込む細胞はない。あるにおい分子が吸着すると何万個もの細胞が興奮してパルスを脳

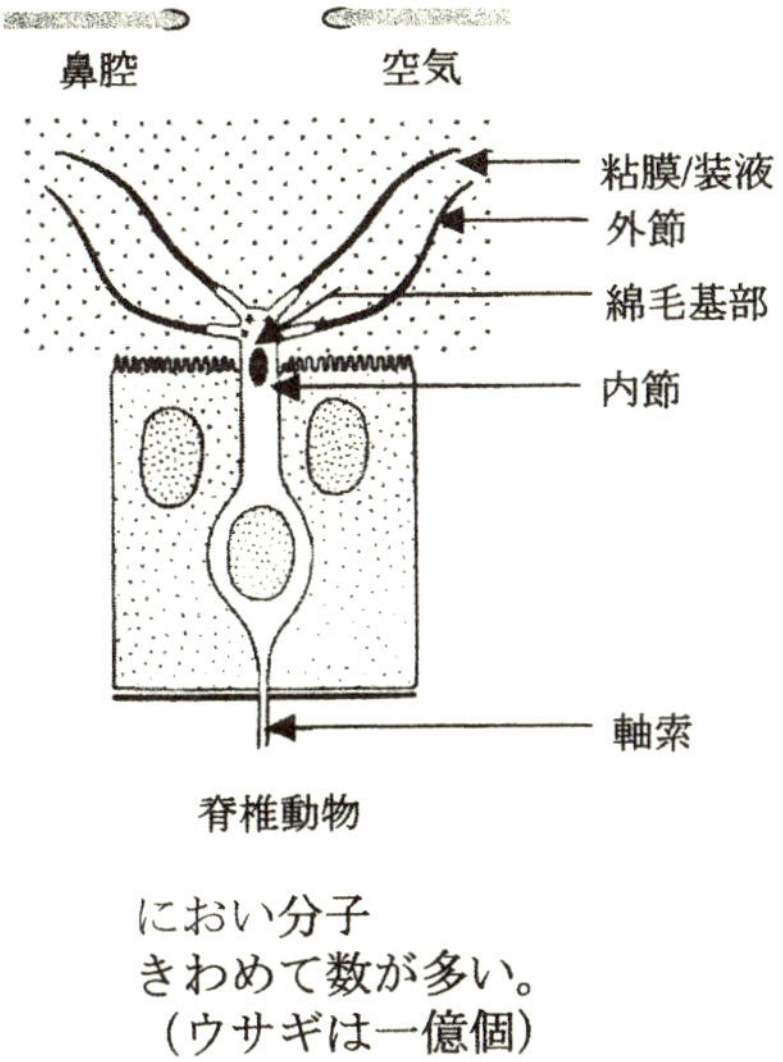

図 2.3　においを感ずる器官とメカニズム

に送り、脳はそれをパターンとして読み取りにおいの種類を見分ける。三叉神経の隣に食欲中枢が走っているので、やきとり屋やウナギ屋のにおいに惹かれるのだそうだ。

　生物のにおい感知器官は超極少（ｐｐｂオーダー＝一〇億分の一）のにおい物質、特に臭い物質をも感知することができる。一般に物理化学的刺激量と人間の感覚強度の関係ウェーバー・フェヒナーの法則によると、におい物質を九七パーセント除去すると、感覚では約半分に、九九パーセント除去しても三分の一にしかならないといわれている。何のにおいかわからないがやっと感知できる物質濃度を「検知閾値（しきいち）」、何の物質のにおいかわかる弱いにおいを「認知閾値」といい、閾値が小さいほどほんの少量でも臭いと感じる。生ゴミやトイレなどから発する生物系臭いのアンモニア、アミン類、脂肪酸、ネギやキャベツの腐敗臭の硫化水素、メルカプタンなどの検知閾値を表２・１に示す。

　これらの悪臭物質はまた毒性もある。硫化水素やメルカプタンなどは神経毒で猛毒である。

表 2.1　主な悪臭物質の検知閾値

化学物質名	閾値（ppm）
アンモニア	1.5
トリメチルアミン	0.000032
インドール	0.00030
メチルアミン	0.035
イソ吉草酸	0.000078
n-酪酸	0.00019
酢酸	0.0060
プロピオン酸	0.0057
硫化水素	0.00041
メチルメルカプタン	0.000076
アセトアルデヒド	0.0015
ホルムアルデヒド	0.50

臭い分子の超微量分析

㈶長野県農協開発機構（現長野県地域開発機構）と畜舎の消臭に関する共同研究により畜舎内の空気二〇リットルを水滴にし、高性能ガスクロマトグラフィーで濃度を測定する臭気物質分析システムが確立された。柳沢さんと小林君（現エムケー樫山㈱）が分析方法をマスターして、この方法でｐｐｂオーダーまでの濃度の悪臭物質を分析できるようになった。介護施設、病院、トイレ、居間、下水、ペット、畜舎など臭気を発している現場でのガス分析を始めた。

現在はガスクロマトグラフィー質量分析装置（ＧＣＭ-ＡＳ）など高性能な臭気分析装置が開発されているが、当時はこの方法が最先端だった。悪臭で問題になっていた畜舎、し尿（下水）処理場、生ゴミ処理場、公衆トイレ、病院など多くの現場の空気の分析をした(11)、(12)。

ふとんが尿や汗の臭いをなぜ消すか？

「寝たきりの病人のいる家庭で、これまで病人の掛けふとんの上にネコが寄り付かなかったが、消臭布団を使ったらネコがのるようになった」

という話があった。

市内の寝たきり病人のいる部屋に一組の消臭ふとんを持ち込み、五人のモニターによる官能による評価を行った。はじめは五人ともに
「独特の悪臭を感じる」

と答えたが使用して一週間後には五人とも、

「不快感がない」

と答えた。消臭ふとんの使用前後で部屋の空気二〇リットルをそれぞれ採取しガス分析を行った。不快感がなくなった時点で硫化水素〇・一ｐｐｂ、メチルメルカプタン〇・三ｐｐｂがそれぞれ検出限界の〇・一ｐｐｂ以下に減少していた(11)。

人工酵素を含むレーヨン綿とポリエステル綿の混合綿を使ったふとんは軽くて夏涼しく、冬暖かい快適なものだった。寝たきりになった人にふとんを使ってもらった多くの家族に
「臭いがなく、その上床ずれにならない」

と感謝された。大和紡績㈱が岡山大学医学部付属病院に依頼し、カチオン化金属フタロシアニン誘導体を結合した木綿布の感染症を合併する創部の感染制御と創部の治癒効果を調べ、床ずれ予防効果を「医療用具の臨床試験実施に関する基準」に基づいて調べてもらった。平成九年十月より十一年四月までに受診した床ずれ、下腿潰瘍、採皮創および熱傷患者一二七例を対象に臨床試験が行われ

た。その結果、床ずれ九二・五パーセント、下腿潰瘍八〇・〇パーセント、熱傷一〇〇パーセント、全症例を通して八六・五パーセントの高い有効性が報告されている(13)。菌作用と腐敗を促進するメルカプタンなどのガスの分解、肌との接触部分で酸素濃度が関係するらしい。

不幸にして亡くなられたときもふとんの効果で部屋内への腐敗臭の充満を防ぐことができる。掛けふとんは臭いの発生源を封じ、中綿が化学反応で悪臭分子を分解無臭化する化学フィルターの役目を果たしている。ふとんが最も消臭繊維の適した用途だった。

海外で亡くなった人の遺体の飛行機による運搬にも利用されたという話もあった。

豚舎の「臭い」を消すプロジェクト

公害に関する苦情で最も多いのが悪臭、騒音である。当時は、その中でも畜舎が発する悪臭に対する苦情が最も多かった。そのために、人口密度の多いわが国では畜産業はしだいに山間部に追いやられていった。都会の真ん中でも畜産業を営むためには臭いの問題を解決しなければならない。畜産業にとって消臭技術の開発は昔から永遠の課題であった。㈶長野県農協開発機構（現地域開発機構）の技術者、県衛生公害研究所の大気部の技術者、消臭剤・システムなどを開発する繊維・不織布を開発した大和紡績㈱、消臭フィルムを開発したパナック㈱、消臭発砲ウレタンを開発した北辰工業㈱、これらの素材で高性能消臭フィルターを開発したゼネラルエアコン㈱（現㈱ＧＡＣ）、そこにアースクリーン㈱からの開発担当者が参加したプロジェクト「豚小屋消臭隊」を結成した。

駒ヶ根の南にある飯島町の農協の豚舎団地内に六平方メートルほどのモデル畜舎を二つつくり、秋にそれぞれに子豚を一頭ずつ入れ、約一年半飼育し、翌年の梅雨明けの最も蒸し暑い時期に、人工酵素繊維の不織布やフィルムからつくった短冊を天井から吊るす、不織布や発砲ウレタンでつくった消臭フィルターを装備した空調機の設置、おがくずを人工酵素で処理して敷く、三つの方法を用い臭気物質の使用前後で分析しその効果を調べた。狭いところに閉じ込められた豚はストレスがたまっているらしく、天井に不織布の簾を設置していると豚が伸びあがって噛みついたりした。

「トンカツを昼に食べたことバレタな！」

とグループの一人が豚を蹴飛ばしながら作業をしている様子がおかしかった。ある日、レーヨンでできている簾を全部豚が食べてしまったことがあった。次の日、不快な悪臭はほとんど消えていた。消臭レーヨンは消化しないのでそのまま出ておがくずの中に混ざったのだろう、最も効果のある方法だったのかもしれない。その後、ペットのえさに混ぜる応用に結びつけた。消臭繊維を食べた豚は塩尻市の長野県畜産試験場で解剖されたが、ガンなどの異常は認められなかったという。

畜舎の臭いはなぜ消える

梅雨明けの豚舎の臭いは強烈である。この不快な空気にはアンモニア三六ｐｐｍ、メチルメルカプタン三ｐｐｂ、メチルスルフィド二九ｐｐｂ、ジメチルスルフィド一二ｐｐｂが含まれていた。温度、湿度などこのときの条件で豚などの畜舎の臭気がいつでも再現できるシミュレーション装置

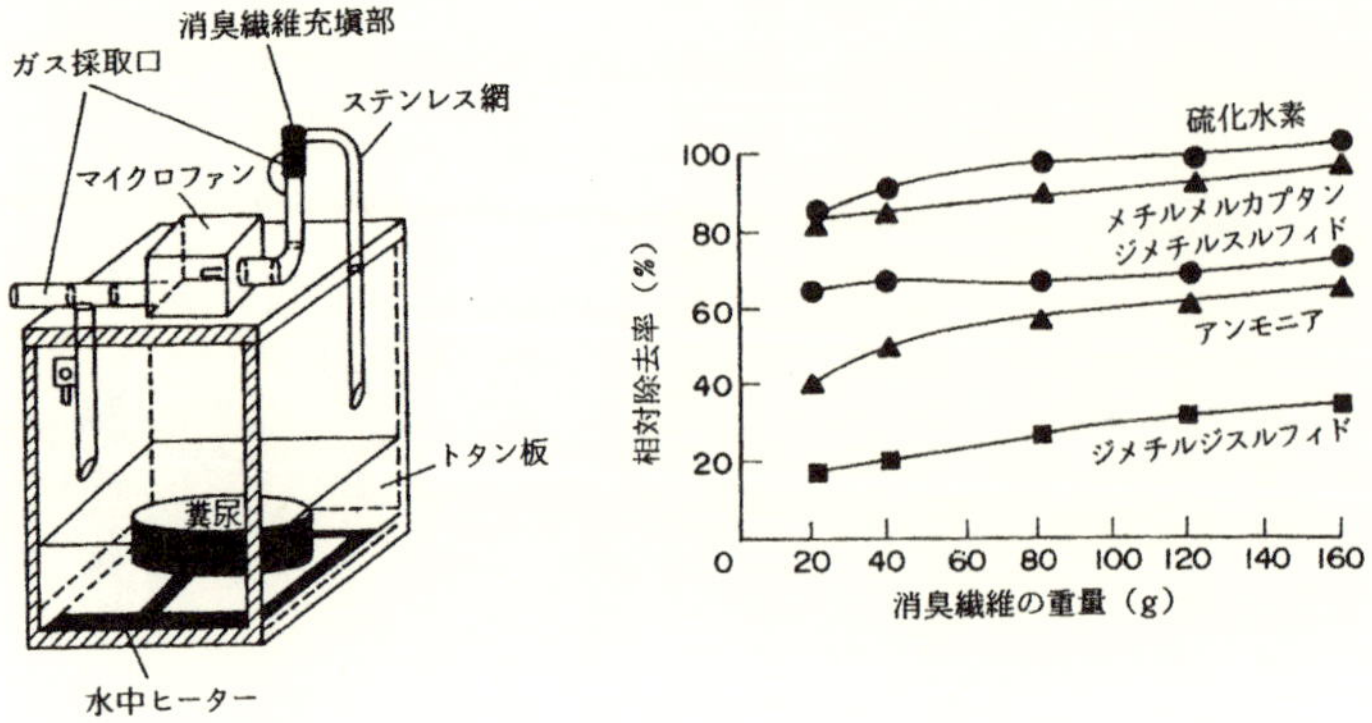

図 2.4　畜舎のシミュレーションボックスと人工酵素繊維の相対的消臭効果。35 ℃、80 %、空気循環 10 分後。

を小林君が作製した（図2・4）。消臭繊維のフィルターを空気が循環するようにしたこの装置内の臭気分析では、硫化水素、メチルメルカプタンが九九・九パーセント除去された(11)。出口の空気にアンモニアは若干あるが不快感はなかった。アンモニアの臭気をヒトの鼻が感じる最低濃度（閾値）は二ppmであるが、硫化水素やメチルメルカプタンの閾値はその二万分の一の〇・一ppbである、一立方メートルに二〇〇〇〜三〇〇〇個の分子である。四大悪臭や香水の閾値は極端に低い。

　豚舎のあのツンとした不快臭はアンモニアと硫化水素やメチルメルカプタンが複合塩を形成しているのである。酸性の硫黄系臭気物質が消臭繊維で酸化され閾値の高い他の物質に転換されると、揮発性の高いアンモニアが外れ揮発してしまい不快感はなくなるものと思われる。畜舎での悪臭の鍵を握っているのは硫化水素、メルカプタンなどの硫黄系臭気分子である。

トイレの臭いはなぜ消える

大阪天王寺駅構内のトイレに臭いがあるということで大和紡績㈱により消臭綿を詰めた容器を設置したという。一週間以上放置して消臭容器を撤去したところ、しばらくしてトイレ近くの売店のおばさんが臭うのでまた設置して欲しいといったという。ＪＲでは西日本の駅のトイレ全部にこの消臭器をつけるように決めたが、直後に阪神淡路大震災があり予算がその復興に回されついに実現しなかったという。

消臭容器の設置前後でのトイレ臭を調べるとアンモニアのほかにメチル、エチル、プロピルメルカプタン二～三ｐｐｂが検出限界以下の〇・一ｐｐｂになっていた[11]。トイレ臭も酸性硫黄系臭気分子とアンモニアとの塩は重いのでトイレの床付近に存在し、ドアを開けると風でちょうど鼻の上に拡散すると思われる。消臭器により硫黄系の酸が酸化されて離れアンモニアは揮発して不快臭は消えたものと思われる。テフロン製の容器の中に消臭レーヨン繊維を吊るし一ｐｐｂ以下の微量濃度のメチルメルカプタンと硫化水素ガスや下水処理場の空気をそれぞれ注入し、減少速度を測定しその消除速度から超微量でも酸化酵素反応により消臭されることを川崎君が証明した[11、12]。

このように、悪臭物質の消臭には人工酵素がきわめて有効であることがわかった。空気中に飛散している硫化水素やメルカプタンのような悪臭分子は、消臭繊維に接触して酵素酸化されにおい細胞に到達するが、閾値の高い物質に転換されているので悪臭としての感覚は緩和される。消臭繊維表面では悪臭分子が減るので濃度勾配ができ、悪臭は引きつけられどんどん濃度が減って消臭されるものと思われる。

畜舎の消臭技術開発は成功したが、残念ながら実用化されなかった。畜産業界はギリギリのコストでやっている、設備に金をかけるわけにはいかないとのことだった。今、安さを求め輸入に依存し畜産業を衰退させた食肉業界が輸入肉の狂牛病など様々な問題にぶつかっていることを思うと、当時からこの技術を取り入れて広く日本で畜産を振興すべきではなかったかと思う。

第三章　消臭新素材の実用開発

タバコの臭いが消えた！

当時の日本たばこ産業㈱（現ＪＴ）からも問い合わせがあった。

「タバコの煙の中には一酸化炭素、ニコチン、アルデヒド類、ベンツピレンなどの発ガン物質など多くの有害物質が含まれ健康に害を与える原因になる、人工酵素で無害化できないか」

この頃からタバコの臭いや副流煙が問題になりだしてきた。

「タバコの臭いを消せないか」

人工酵素を含むレーヨン綿を提供して評価してもらった。別に消臭綿をパイプに詰めてタバコを吸っている学生にも試してもらったが、

「味がしない」

と不評だった。しばらくして日本たばこ産業㈱からも

「喫煙者から味がないと不評」

と断ってきた。

新幹線「のぞみ」に搭載―タバコの臭いを消す空気清浄器用フィルター

その後、副流煙が一層問題となって、タバコの臭いが嫌われるようになり、喫煙者は肩身の狭い思いをする時代になると再び「タバコの消臭」の話が再浮上してきた。トヨタ、日産などから自動車内のタバコ臭の消除の話がきた。この頃から空気清浄器が登場し、ここでも、

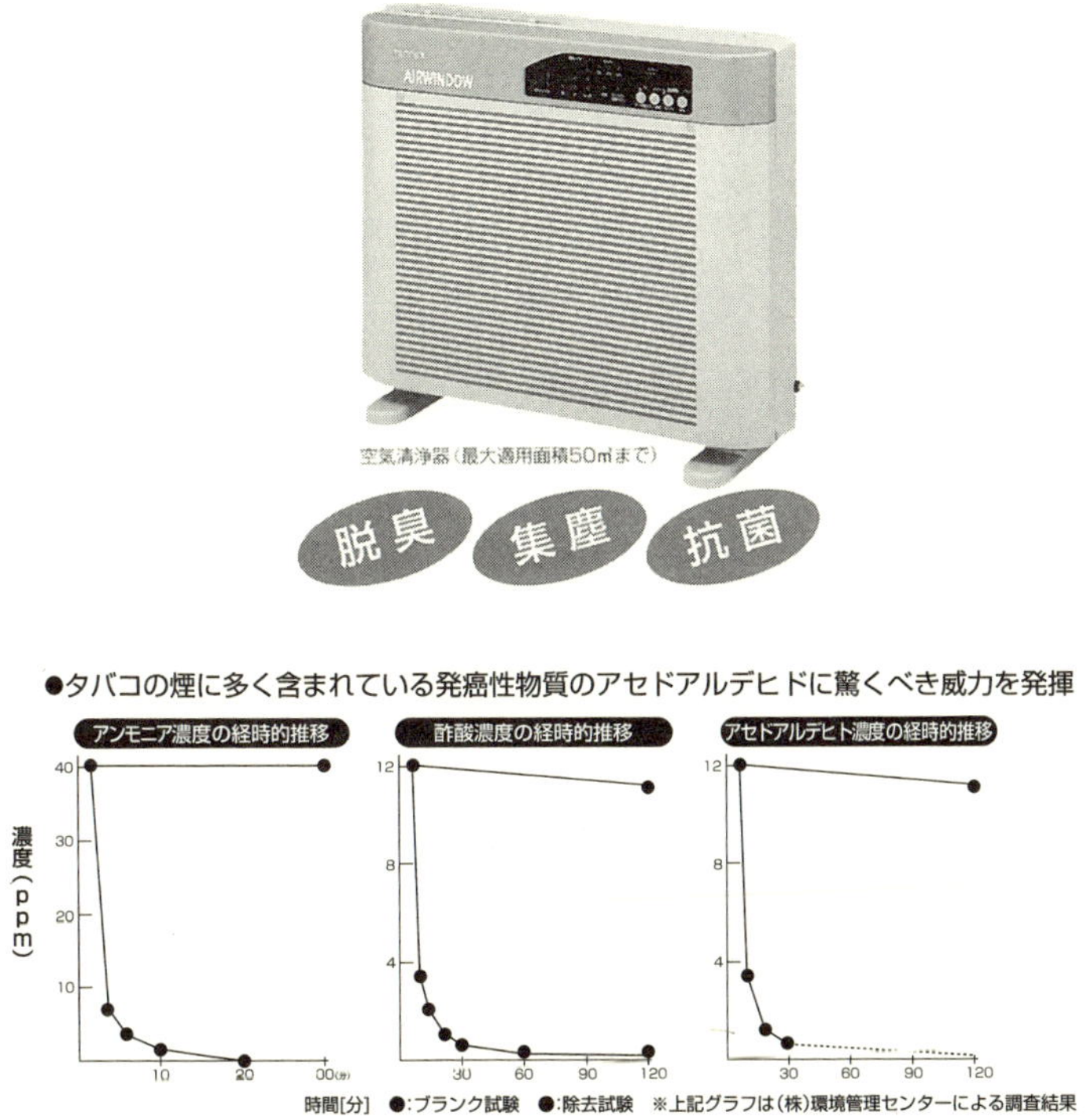

図 3.1　人工酵素繊維をフィルターに使った空気清浄器（㈱テネックス）とタバコ臭の消臭効果

「タバコ臭を除くフィルターを開発できないか」

という問い合わせがきた。タバコのいやなにおい成分は煙の中のニコチン（七・五パーセント）、刺激臭のアセトアルデヒドなどのアルデヒド類（六・五パーセント）、アンモニア（〇・六パーセント）、酢酸が主である。人工酵素と酢酸とアンモニアを吸着するカルシウム錯体を組み合わせた複合消臭剤を開発した。これをフィルターに応用して、日産系のテネックス㈱の梶田さんと大和紡績㈱の築城君との共同でタバコ消臭空気清浄器（図３・１）を商品化した。後にオゾン脱臭、光脱臭、イオン性高分子など多くのタバコ消臭技術が登場したが、われわれの開発したフィルターはタバコの刺激臭であるアセトアルデヒドに抜群の効力を発揮し、ＪＲ東海道新幹線７００系、小田急ロマンスカー、京成スカイライナーの喫煙車に採用された。

消臭紙・パルプ

嫌煙権は家庭にも波及し、タバコを吸う亭主はホタル族といって夜ベランダで一人さみしく喫煙するようになった。

一九八七年頃、人工酵素を含むエマルジョンを日本カーバイド工業㈱と共同開発した。目的は、消臭繊維加工剤と壁紙用の糊であった。効果はあったが、当時はそんなにニーズはなく売れなかった。消臭繊維を開発して数年たった頃福井県工業技術センターの客員研究員を頼まれた。

上田からは行き来に時間がかかるのであまり乗り気にならなかったが、当時の学部長が、「福井県は繊維工業のメッカ、繊維の先進技術を勉強してきたら」というので、一九八八年八月から翌年三月まで客員研究員を引き受けることになった。センターと消臭繊維を応用する共同研究が目的で木綿の消臭加工、プラズマ加工したポリエステルに近藤君が合成した金属フタロシアニンのビニル誘導体を吸着させ、再びプラズマを照射して堅牢な消臭ポリエステル繊維を開発した。

当時福井県宮崎村に越前和紙と越前焼の同センターの伝統工業部があった。

「越前和紙は高価であり、消臭・抗菌という付加価値をつけたらさらに特色となる」と提案するとすぐやることになり、前田研究員をつけてくれた。大和紡績㈱の南出君に電話して鉄、コバルトｰフタロシアニン加工したレーヨンを送ってもらい、コウゾ、ミツマタのパルプと混ぜてすぐに消臭和紙が完成した。消臭能力もよく事業化することになり、武生の山伝㈱という紙会社で量産化し実用化し、福井駅などで販売された。これもＮＨＫの全国放送で紹介された。消臭パルプ・紙はいまだに山伝㈱で製造販売されている。社長の山口さんは大変研究熱心な人で、最近もクワの紙で協力してもらっている。

王子ファイバー㈱がマニラ麻の紙をスリットし撚って紙糸を開発した。これをダイワボウノイ㈱が織物にしてバスマットやタオルとして販売を検討していた。吸湿性が高いが、かたい繊維のため、「バスマットには最適であるがタオルにするにはもっと柔らかくしたい」という。繊維学部同窓会、千曲会出版から篠原昭当時の学部長が「桑の文化史」という本を出版したが、そのとき、クワの紙の項を執筆した。戦前上田でもクワの靭から紙をつくろうと工業化寸前までいったことが古い文献に紹介されていた。しかし、

「クワの紙は柔らかすぎてものにならなかった」

と書かれていたことを思い出し、

「かたすぎるマニラ麻と柔らかすぎるクワのパルプを混ぜたら」

と提案し、現在、繊維学部農場と信州大学ベンチャービジネスラボラトリー、ダイワボウノイ㈱、山伝㈱の共同で開発が進んでいる。社長に

「これからの紙はパルプの資源が持続的に手に入らねばならない、クワ紙を大量に供給する資源をどうするのか」

と聞かれたが、

「たとえば、以前にテヘランに行ったときクワの街路樹があった、シルクロードでは街路樹にクワの木を植えているところが多いと聞いた。日本でもクワの街路樹を広めたらどうか。毎年の剪定枝からパルプをつくると資源サイクルが可能では」

と提案し、社長も、

「それはいい」

と面白がってくれ、試作してくれている。紙糸は多孔質内に空気を含み、機能加工が容易で人工酵素加工も容易にでき新しい用途展開が待たれる。

消臭壁紙

壁紙のニーズはそれから一〇年以上たって再び浮上した。新建材、新車などから発するホルムアルデヒドやＶＯＣによるシックハウス症候群が問題視されだしたからである。子供たちの中に化学

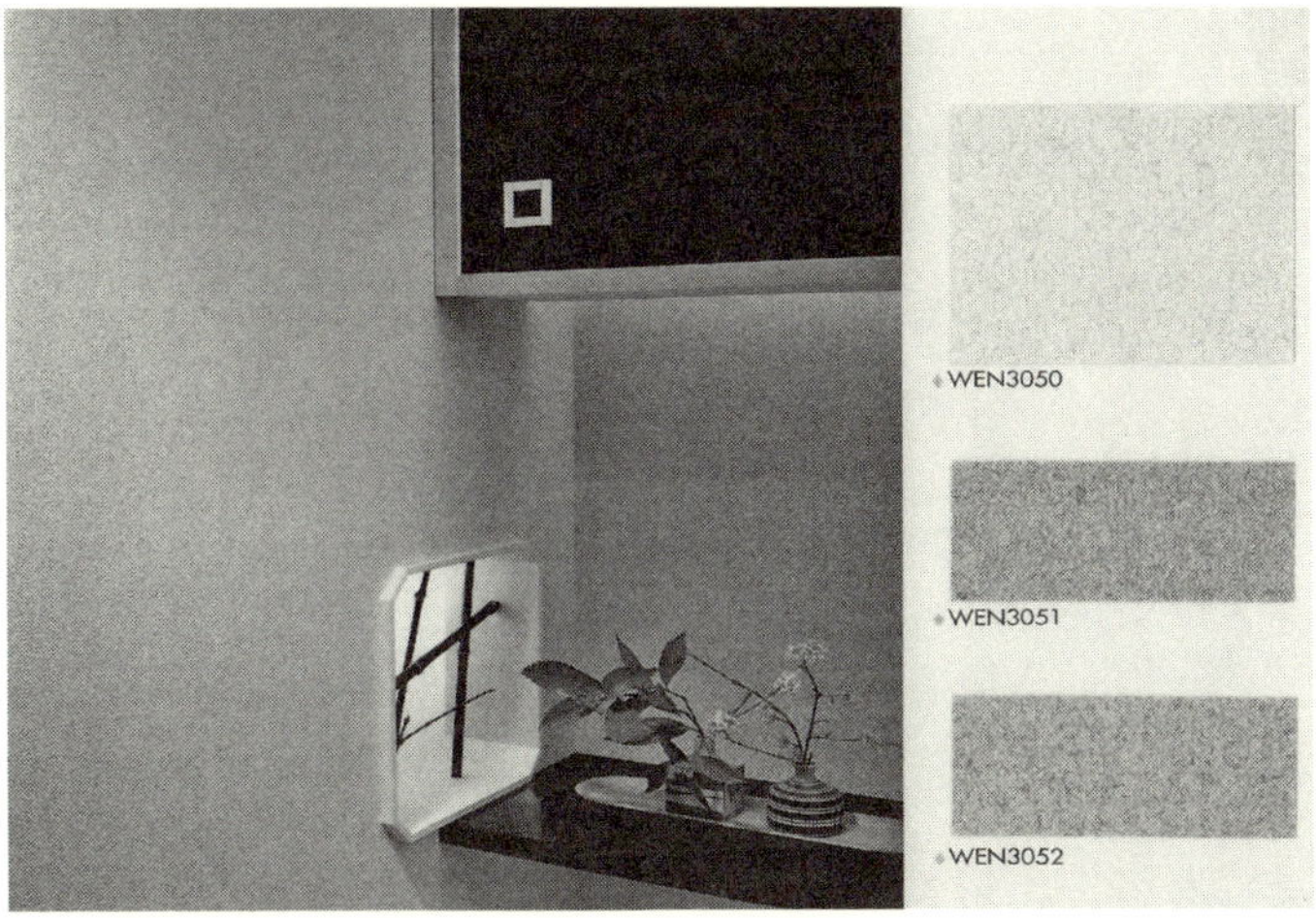

図 3.2　人工酵素を含む珪藻土壁紙（アースウォール、東リ㈱）

物質過敏症が増えてきたこともある。建材を海外から調達する日本では、細かい木の破片などを張り合わせ、表面に薄く削った木目のきれいな紙のような薄い板を接着剤で張って集成材をつくる。接着剤の進歩で力学的には無垢の板よりはるかに優れている。新築の柱や天井、床などに使われる。接着剤中にホルムアルデヒドが含まれ室内に拡散する。子どもはそれを吸ってぜんそくなどを起こす。思いもよらない問題が出てきたのである。

鉄（III）-フタロシアニンオクタカルボン酸はアルデヒドを酸化分解する抜群の触媒である。すぐにこれはものになると思っていた。大和紡績㈱の簗城君と東リ㈱との共同で、ナノレベルの細孔をもつ珪藻土に人工酵素を吸着させ、和紙と組み合わせて壁紙を開発した。無数の細孔は呼吸をするように空気を循環

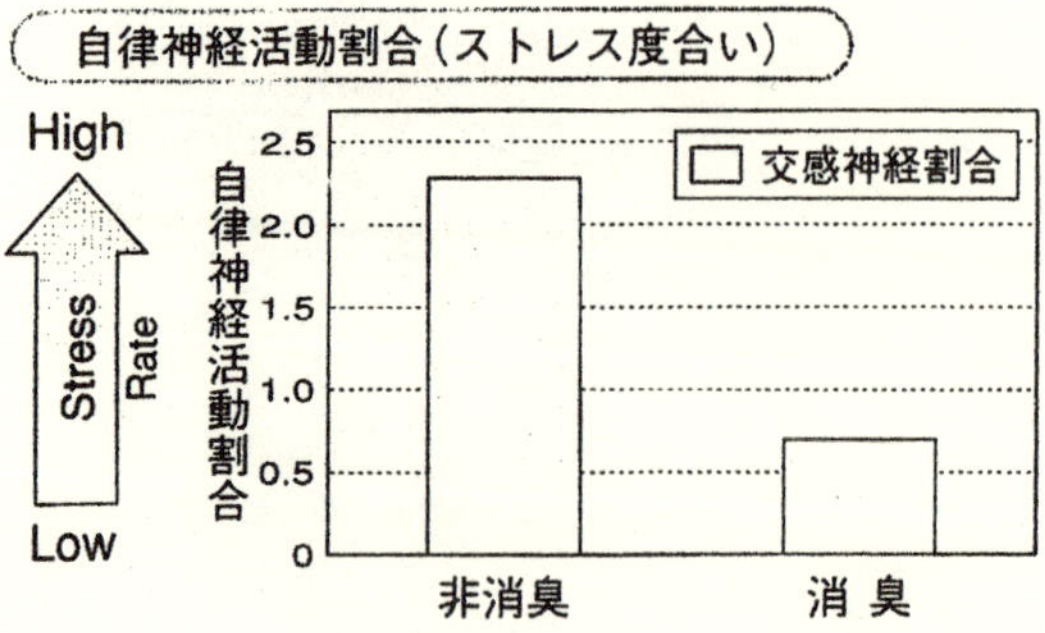

図 3.3　人工酵素を含む珪藻土壁紙と他の壁紙の喫煙後のストレス度合いの比較（上条らによる）

し、人工酵素と接触して有害物を分解する。タバコ臭も除去でき高級壁紙（図3・2）として市販されている。

タバコを吸っている人の近くにいるとその臭いは非喫煙にとってストレスの原因になる。

繊維学部感性工学科の上条准教授はモニタールームにタバコの煙を発生させ、臭いの官能試験を七段階評価法で行った。大、中、小の環境にモニターをおき、心電図を測定した（図3・3）。一般にストレスがかかると脈拍が高まり血管が収縮し血圧が上がる。この現象は交感神経が働くことによって起こる。逆にストレスが無くなると副交感神経が働いて血圧が下がる。タバコの臭いはストレスになり臭いが強いとストレスは高まる。モニター室に開発した消臭壁紙を張って同様なテストをするとストレスは減少することが明らかになった(14)。

タバコを吸っている部屋は天井、壁、窓、カーテンすべてに黒いヤニがつく。また、独特の臭いがついていて後でその部屋は使えなくなる。

「喫煙室のリホームでタバコの煤と臭いが取れないか」

名古屋の消臭ビジネス会社、㈱ベルビックの入谷社長に相談された。現場に出向いて程度を確認した。壁はヤニで黒くなり悪臭が漂っていた。タバコのタールも多分解毒の酸化酵素により分解できるはず。最も強力なのはパーオキシダーゼ反応である。最初に、人工酵素水を噴霧しておき薄い過酸化水素をかけると、瞬く間に分解して白い壁は復元し、臭いも消えた。

マンションの死体

昭和三〇年代の第一次マンションブームで都市部を中心に多くのマンションが建てられた。一般に、鉄筋コンクリートの寿命は五〇年くらいといわれている。このような古いマンションは赤水が出るとか問題も多かった。あるマンションの部屋が売れない、売れてもすぐに転売になる。こんな場合、部屋にダニが蔓延していることがあるらしい。

「ダニを退治するよい方法はないか」

ある不動産屋の社員から相談された。人の身体には絶えず二〇〇匹くらいのダニが住み着いているが、有害なものは少ない。人間に危害を加えるのはコナガイエダニのようなイエダニである。部屋の換気が悪かったり、畳の上にカーペットを重ね敷きしたりすると大量発生するといわれている。ダニ退治は一般に熱、煙、太陽の光、バルサンなどの薬剤などで行われる。しかし最も効果のあるのはホルマリンである。部屋を密閉してシャーレにホルマリンを入れ約一週間放置するとダニを完全に死滅させることができる。だが、残ったホルマリンは発ガン性などの毒性がある。部屋の中に人工酵素フィルターを装備した空気清浄器を持ち込み、一週間運転して残存しているホルマリンを分解した。

名古屋市内のアパートで独り暮らしをしている人が死亡してしまったが、わからないまま何ヶ月もたって発見された。ベルビック㈱の入谷京子社長にその部屋の消臭依頼があったという。

「いろいろやったが臭いは消えない。何とかならないか」

早速、現場に行ってみたが、一度嗅いだら一生忘れられない強烈な臭いである。どんな近しい人でも死んでしまい、死臭を嗅ぐと別れられると昔からいわれている。死骸を土に埋めると微生物がタンパク質、脂肪、炭水化物を分解し硫黄、窒素系などの悪臭ガスになる。消臭繊維はこれらの一次分解ガスをさらに資化して無臭化する。ただちに、セルラーゼ、リパーゼ、数週間おいてプロテアーゼを散布し数週間放置した。部屋はメルカプタン、硫化水素、アミンなど別な悪臭に満ちていたが、人工酵素による消臭処理を施すと臭いは消えていった。二〜三回繰り返して完全に消臭できた。

冷蔵庫

冷蔵庫の臭いは誰もが気になるらしい。開発当初、消臭繊維の綿を多くの人に渡して「臭いの気になるところに使ってみて、感想をお願い！」と頼んだ。一番多かったのが、

「冷蔵庫においたら臭いが緩和された」

「野菜室が効く」

「にんにくの臭いがなくなった」

飲んべーは
「消臭繊維を冷凍庫に入れておいたらウイスキーの水割りがうまくなった」

などいろんな感想があった。


㈱興人は総合化学会社であるが、紙パルプのほか当時はレーヨンもやっていた。共同研究の申し込みがあり一九八九年頃から消臭パルプの共同開発をした。鉄（Ⅲ）－フタロシアニンテトラカルボン酸とアルギン酸銅（Ⅱ）錯体をブレンドしたシートは即効性で高効率の消臭機能があり比較的安価だった。二一×一〇センチメートルのシート状にして冷蔵庫の消臭シートにした。上田の信州ハム㈱から「軽井沢の風」という商品名で販売されたが好評だった。消臭パルプを直径二〜三ミリメートルの粒子にしてエステー化学㈱や小林製薬㈱でも冷蔵庫消臭商品に使われた。

消臭繊維は悪臭を分解するが香りには反応しなかった。西武百貨店がこの繊維の商品化を本格的にやったことがある。池袋の西武百貨店で「くらしの中の匂いと香り展」というキャンペーンを張った。デパートの屋上から長い垂れ幕が張られた。このとき、某有名女優さんと「匂いと香り」についいて対談をやった。女優さんが質問してこちらが答える。対談の中でファインゴムのトップメーカー北辰工業㈱の角田さん、石井君と開発した人工酵素を結合させた発砲ポリウレタンを二〇〇

ccのポリエチレン容器の蓋につけ、びんの中に「ゆず」と「ニンニク」をすりつぶして入れ、ポリエチレンを押すとウレタンフィルターからはゆずの臭いだけが出て、ニンニクの臭いは消えているというデモンストレーションをした。観客はびっくりして拍手喝采だった。ニンニクの臭いはアイリンという硫黄系化合物で空気に触れるとあの独特の悪臭を発するが、人工酵素に接触させると酸化され臭いはなくなる。ゆずの香りはテルペン類という植物油の一種であり、人工酵素とは反応しないのでそのまま香りとして出てくる。

東芝㈱からも冷蔵庫の共同研究の申し出があった。日本カーバイド工業㈱と開発した無数に細かい穴のあいた活性アルミナからつくった一〇×五×三センチメートルのハニカムに人工酵素を添着したフィルターを冷蔵庫内の冷凍庫付近に設置して、鮮魚、肉、レタスなど野菜、オレンジ、ニンニクを入れ、一定時間ごとにガスを抜いてガスの種類と濃度を測定する。同時に官能検査も行ってデータ化する。ニンニク、肉、野菜から発する、硫化水素、メルカプタン類、魚から発するトリメチルアミンなどの悪臭物質濃度は検出限界以下のNGだった。しかし、最後の主婦一〇〇人によるモニター試験で、一般の人はほとんど感じ取れないメチルスルフィド、ジメチルジスルフィド数ppbを不快と感じる主婦が一人いて、この商品化は見送られた。冷蔵庫は三〇万円くらい、消臭ハニカムは一〇〇円くらいということもあり、中止した。機能はサービス、商売に結びつけるには難しい時代だった。

いろいろなキムチがつくれる冷蔵庫

それから、三年たって、大阪のクラレケミカル㈱と韓国のＬＧ㈱からキムチの冷蔵庫の消臭装置に人工酵素を応用したいという申し込みがあった。クラレケミカル㈱は活性炭の製造会社で、活性炭を原料にした高性能のハニカムを開発してＬＧ㈱のキムチ冷蔵庫に売り込んできたが、

「どうしてもニンニク系のにおいが消えない、人工酵素の添着をして試験したい」

ということで三者の共同開発が始まった。当時、ＬＧ㈱は魚、肉、野菜など五種類のキムチができるボックスをもった冷蔵庫を開発していた。日本円で一六万円くらいの韓国では高級冷蔵庫である。釜山から車で一時間、昌原市にＬＧの生活科学研究所があった。研究所の庭には天然のキムチをつくる小屋がたくさんあって、韓国の各地域のキムチをつくっていた、カメにはセンサーが多数取りつけられ研究所でデータを取って味、香りとの関係を調べていた。韓国からの留学生李君が、

「日本にきて、何ヶ月もお母さんのキムチを食べないと元気が出ない」

といっていたが。そのくらい韓国の食に欠かせないキムチであるが、

「最近、若い女性の中には臭さと辛さを嫌うものも多い」

という。温度、湿度を自動コントロールして多様なキムチができる画期的な冷蔵庫を開発しているが、

「強烈な臭いが冷蔵庫に充満する。これでは新婚の奥さんには売れないだろう」

という。そこで、人工酵素に目をつけたらしい。臭いの評価もＦＰＤのガスクロマトグラフィーを

何台も設置して分析をしており、日本以上のハイテク技術を備えていた。消臭器のハニカムも冷蔵庫のどこに設置したら庫内の臭気が効率よく通気するかコンピュータシミュレーションで研究していた。オリエント化学㈱からもってきた水溶性のコバルト(II)-フタロシアニンテトラスルホン酸水溶液を活性炭ハニカムに添着してメルカプタン系臭を除去したら不快臭は消えた．人工酵素添着消臭器としてクラレケミカル㈱、ＬＧ㈱と私の三者共願の特許を出願した。

新婚さん用高級冷蔵庫の販売計画が決まり人工酵素の値段の話になった。添着量は一〇×三×二立方センチメートルの大きさの消臭器一個で〇・一グラム以下である、機能性素材の付加価値の価格評価の難しさをここでも痛感した。最近、新素材のイノベーションが過大に期待されているがそう甘くはない、国が勝手なシナリオを描き、巨大な投資をしても簡単には経済効果には結びつかない。その後韓国の景気が急に悪くなり新婚さん用高級冷蔵庫は販売に至らなかった、日立など日本の家電メーカーに輸出しているとか、一度、特許料を振り込んできた。このプロジェクトで韓国の若い技術者と一緒に仕事をしたが、知識吸収欲が強く熱心で情熱的で気持ちよかった。これでは、日本が誇る技術もアジアに負ける時代が来るなと思った。

立体織物から冷蔵庫用消臭剤

大阪の住江織物㈱はカーペット、インテリアのトップメーカーである．前社長の近藤貞彦氏が研究室の先輩で卒業生も多いことから、以前から親密な交流があった企業の一つである。

織物、染色・加工など最先端の技術開発が行われているが、その一つに立体織物の技術がある。普通の織物は平面であるが三次元に繊維を織る織機を用いて立体織物をつくることができる。

学部長時代に信州大学繊維学部の姉妹校となった世界で最も先進的な繊維学部ノースカロライナ州立大学やマンチェスター工科大学でも研究していた。一〇×一〇×二センチメートルの立体織物にアルミナゾルを添着しこれを焼くと繊維は燃えてしまい、酸化アルミニウムでできたレプリカの立体構造ができる。細かい穴が無数にあいたフィルターとしては最適な構造である。

「人工酵素と組み合わせて冷蔵庫用消臭器をつくりたい」

ということで木村助手とともに共同研究を始めた。活性炭とセルロースを加工し人工酵素を塗布して焼結し消臭フィルターを開発した。硫化水素、メルカプタン、アルデヒドを高効率で分解できた。野菜の腐敗で生じるメルカプタン、ジメチルスルフィド、魚が腐ったときのトリメチルアミンを除く機能フィルターとしてパナソニックの冷蔵庫に搭載された。

生ゴミの臭いを消す――高速消臭装置

長野県工業試験場（現長野県工業技術総合センター）から、

「ファックスを製造していた大手メーカーの下請けをしていた企業が技術を生かし新規事業へ転換しようとしている。その一つの塚田電子㈱が業務用生ゴミ処理装置を開発したが、臭いの問題があり相談に乗ってやって欲しい」

といってきた。家庭での食物残さなどまだ問題にされていない頃だったが、食堂や食品会社ではすでに大きな問題となっていた。生ゴミを土に埋めておくと二〇〇種類以上の菌類が集まって分解してしまう。森の腐葉土の下やいろいろな場所から土を採取して菌を培養して、どれが生ゴミ分解には効くとか大手のメーカーが高額で菌種を販売していた。二〇〇リットルくらいの鉄製の容器にプロペラ状の攪拌機がついていて、残飯と菌を入れて四〇度くらいの熱で水分を飛ばし乾燥させて強烈な臭いの蒸気を集めて活性炭の層を通過させるのだが臭いは残る。菌が働いて分解しているのか水分が飛んで乾燥しているのかわからない。いずれにしても、臭いは何とかして消さなければ商品化はできない。大手デパートの食堂などにニーズはあるという。当時の助手小山君（現信州大学准教授）と修士を卒業してパナック㈱に就職していた宮本さんと強烈な悪臭をどう消すかいろいろ考えて、新しい強力な消臭フィルターを開発した。

生ゴミの臭いは酸性・脂肪酸、硫黄化合物、アルデヒド類、炭化水素その他といわれている。その上に強烈な閾値の高い四大悪臭ガスを含む。これらすべてを消臭しなければならない。鉄（Ⅲ）とコバルト（Ⅱ）-オクタカルボン酸、亜鉛イオン、銅イオンなどを吸着させたアニオン、カチオン交換樹脂の粒子をフィルムに接着し巻いて筒状にしてフィルターとした。フィルターは大きさが自在であらゆる悪臭に効果があり、消臭速度も極端に早く数秒で臭いを消す。イオン性の悪臭はイオン反応で素早く樹脂に吸着され、後に化学的に閾値の高い物資に変化して消臭される。㈱クボタの業務用の生ゴミ処理装置に搭載され、日本橋高島屋など大手デパートのレストランで数年活躍したという。

一九九八年、長野で冬季オリンピックが開催されることになった。会場では仮設トイレが八〇〇台設置されるという。トイレの臭さは先進国の恥である。数分でトイレ臭が消える小型のトイレ用消臭器を開発してＮＡＯＣ（長野五輪組織委員会）の事務局に売り込みに行った。この装置はイオン交換樹脂を用いた消臭材をフィルムに貼って直径一〇センチメートル、長さ二センチメートルの筒状フィルターを搭載したもので消臭速度が速く、効果は抜群だった。早速、同社の故岡島専務と県庁の了解を得てＮＡＯＣに行ったが、

「オリンピックに使われるものはすべて無償提供、しかも一社のみの製品はダメ、競争相手があって両方で提供できるもの。コマーシャルにならないように企業名は一切出してはいけない。トイレの消臭器はどこからも提供の希望がないので採用できない」

「それより、現金が足りないから現金で寄付してくれないか」

という。地元の大学で企業が協力し産学連携で世界にない製品を開発してもっていったのにがっかりした。その当時の産学連携は一般にそんな認識だった。長野県でもここ一〇年ほどの間に産学連携による開発が推進され考え方はずいぶん変わったが、大学との共同研究で商品に結びついたものはこの技術以外ほとんどない。自宅のトイレでは、いまだこの消臭器が活躍している。

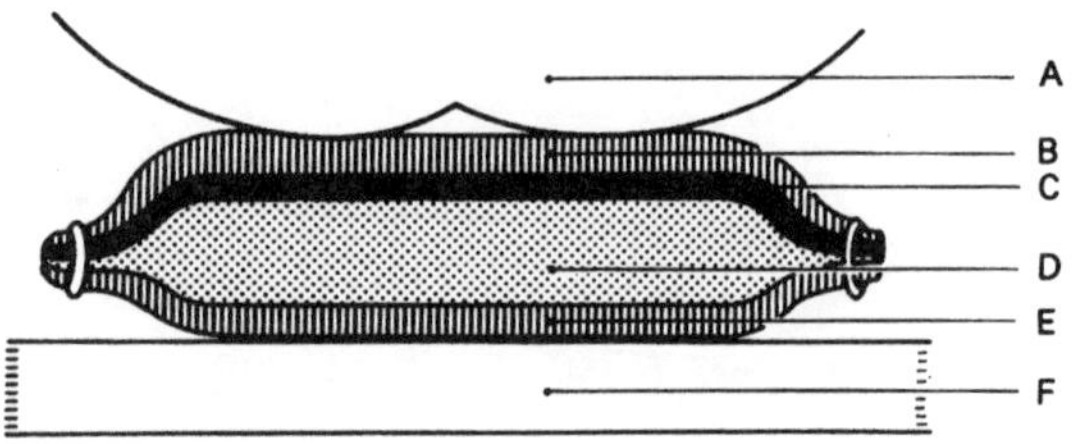

図 3.4　人工酵素を使ったおむつの構造。A：皮膚、B：ポリエステルメッシュ、C：ポリアクリロニトリル‐銅繊維、D：鉄（Ⅲ）‐フタロシアニンオクタカルボン酸含有レーヨン繊維（布）、E：ナイロンメッシュ（J.Fukui, H. Shirai et al, JAGS **38**, 889 (1990)）

おむつの開発

一グラムで一〇〇〇グラムの水分を吸うことのできる高吸水性樹脂の開発でおむつの考え方は一変し、使い捨ておむつが登場した。しかし、樹脂の処分と臭いの問題は技術課題であった。高吸水性樹脂のメーカー㈱日本触媒からも高吸水樹脂に消臭機能をつけられないか問い合わせがあった。一九八八年当時、尿失禁の大家だった信州大学医学部の福井準之助教授は、教室の看護師さんたちと産学官で「尿失禁の会」という研究会をつくっていて、そのメンバーに加えてもらった。先生はおむつの臭いを防ぐために、銅イオンをつけた抗菌性アクリル繊維と消臭繊維を組み合わせておむつを開発し効果があることを臨床的に証明した（図3・4）。一九八八年九月の朝日新聞で紹介された。しかし、実用化までには至らなかった。

日油㈱を途中退社してアメリカのP＆G㈱へ再就職した川上君（現三井化学㈱）が、「消臭おむつを開発したい」

というので大和紡績㈱と三者共同で消臭おむつの開発プロジェクトがＰ＆Ｇ㈱にできた。神戸のＰ＆Ｇ日本支社には各国の研究者・技術者が集まり研究開発をしていた。リーダーはイラン人、他にインド、中国、日本の国際プロジェクトだった。大和紡績㈱が素材の改良をしてすぐに性能的に十分なおむつが出来上がった。商品のターゲットは中国だという。経済成長を続ける中国は一人っ子だが、両親とも働いているので相当数の子ども用紙おむつが使われるだろうと読んだらしい。上海に滑走路つきの工場を建てるという。一九八五年頃から中国には毎年行っていたので彼らの生活は知っていた、昔の日本もそうだったが。子どもはおしりの割れたパンツを履いていて何時でもどこでも用を足させることができる。そんなに売れるかなと思っていた。その後、コマーシャルを撮る段階までいったが、コストの点で大和紡績㈱と営業で折り合わず取りやめになった。日本の大学発の商品のコマーシャルが世界に流れたのにと残念だった。

二〇〇六年に内閣府の科学振興調整費の先端融合イノベーション創出プロジェクト、信州大学のナノテク高機能ファイバー連携融合プロジェクトが発足し、世界のイノベーション創出の産学連携組織やシステムを参考にして拠点形成をすることになった。メンバーの一人元京都工芸繊維大学の梶原莞爾教授が、

「ウイーンのドップラー協会が産学官連携で成功している一つらしい。ウイーン天然資源大学にローゼナウという多糖類の研究をする教授を知っているので行ってみよう」

その前に、

「レーヨンやリオセルで世界的に有名なレンチング㈱がオーストリアのザルツブルグ郊外にある、テンセルも開発しているので見学しよう」

という。そこで、お互いの話題提供の中で肌にやさしいテンセル繊維、かゆみやかぶれを防ぐ繊維が話題となり、

「人工酵素をテンセルに加工して共同開発をしないか」

という話になったがその後相手の都合で話は途絶えてしまった。その話をローゼナウ教授にすると、

「スウェーデンのＳＣＡ㈱という欧州のＰ＆Ｇのような企業のマンハイム研究所が衛生材をやっているので話をして見たら」

と紹介してくれた。そこで梶原先生、ダイワボウノイ㈱の福島部長、簗城君とエーテボリへ行って説明し、おむつの開発を再び国際連携で行うことになった。現在もＳＣＡ㈱との開発の交渉が行われている。

人工酵素の鮮度保持効果

液晶の偏向装置などを製造販売するパナック㈱は先輩の宮下識さんが社長をしている。フィルムの加工技術があるので消臭フィルムの開発を長年やらせてもらった。技術者として活躍していた卒業生の鴨川さんが担当してくれた。人工酵素の効力が十分に発揮できるバインダーを開発しポリエステルフィルムに塗布したもの、トリアセテートフィルムを染めたもの、その積層複合フィルムな

どを開発し、東急ハンズ㈱で販売した。開発した消臭フィルムを用いて鮮度保持効果を調べた。鮮度保持は果物などの成熟ホルモンエチレンを吸着してしまえば腐敗は防ぐことができ、鮮度は保たれるという考えが提案された。活性炭に鮮度保持作用があり、フィルムやプラスチックに活性炭を組み合わせた複合材の商品が出だしたときである。

腐りやすいさくらんぼやブロッコリーなどで消臭フィルムの鮮度効果が明らかにあった。リンゴやトマトも青くても腐るものは腐る。腐敗を促進する物質は成熟ホルモンのエチレンだけではないのではないか。ハエはブチルアルデヒドに集まるという。実際、レタスやキャベツは腐敗するとメルカプタンを発する。腐敗しかかっている果物をシャーレに入れてハエのたくさんいる畜舎周辺におくとハエがたくさん集まってきた、消臭不織布をかけておくと中が腐っていてもハエは集まってこなかった。腐敗を加速するのはアルデヒド類、メルカプタン類、アミン類などで人工酵素はこれらのガスと接触して分解、また、エチレンが酸素酸化されエチレンオキサイドが生成して殺菌作用をし鮮度保持効果があると思った。

第四章　かゆみを鎮静する繊維

「かゆみ」を抑え、「かぶれ」を改善する効果の発見？

ある日、横関院長が研究室を訪れ、

「骨折患者のギプスの中が蒸れて臭いので消臭繊維のストッキネットを使ってみたい」

という。さっそく、大和紡績㈱の檜垣君が用意して患者さんに使ってもらった。ギプスの中はかぶれてむしょうにかゆいらしい、特に夏は我慢できないほどだという。患者さんに音楽を聞かせて気をそらし、隙間から針金を差し込んで掻くしか方法はないそうだ。横関院長は、

「消臭繊維のストッキネットを使ったところ不思議とかゆみがない、二週間後にギプスを割ったらかぶれがない」

と使用前後での写真（図４・１）

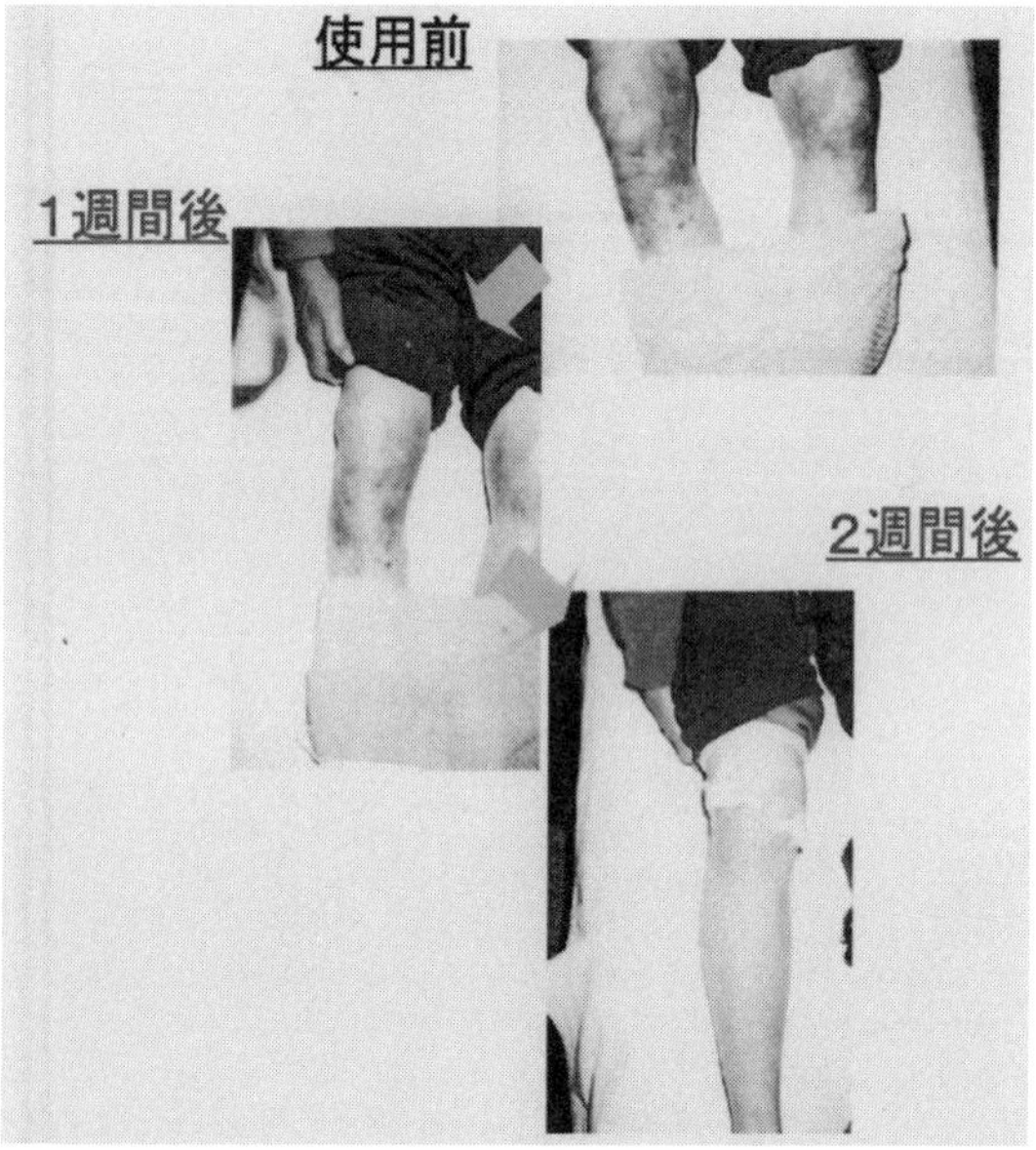

図 4.1　金属フタロシアニン錯体による皮膚炎の改善
（横関、白井、日本医事新報、3517、48 (1991)）

をもってきた。

「日本医事新報という雑誌に臨床結果のみ投稿した(13)が、理由を調べてほしい。新しい発見につながるかもしれない。」

という(15)。とりあえず、特許を出願することにした。院長は診察結果と本、文献を持ち込んできたが、専門外のことでもあるし半信半疑でどのように証明するのかあてもなかった。一方、大和紡績㈱の檜垣君らは神戸大学医療短期大学の古川教授と義足をつけるときに着用するスタンプソックスに消臭繊維を使う共同研究をやっていたが、ここでも、

「あせもができない」

「蒸れない」

「かゆくない」

ということをいわれていたという。また、それ以前にも畜舎用の消臭マスクを試作して使用してもらっていたが、

「花粉症に効く」

という話も入っていた。母親が寝たきりになり、

「背中がかゆい」

というので、下着を鉄（Ⅲ）‐フタロシアニンオクタカルボン酸で染めてもらって着せたところ、

「かゆみがおさまった」

という。パジャマは緑色なので、八五歳を過ぎていたのだが、それでも

「こんな囚人の着るような色の下着はいやだ」

と、ごねたこともあったが、着ているとかゆくないので黙って着ているようになった。

かゆみを起こす物質を起痒物質といい、ヒスタミン、セロトニンなどの生体アミンである。これらの物質は金属ポルフィリンやフタロシアニンの金属に配位結合するし、オキシゲナーゼという酸素添加酵素はヒスタミンを分解する。起痒物質が人工酵素と結合し、酸化により構造が変わればかゆみを起こす物質ではなくなるのでは？　とヒスタミンと鉄(Ⅲ)、コバルト(Ⅱ)-フタロシアニンオクタカルボン酸との結合、安定度定数を測定して配位構造を明らかにした。アレルギーを起こす物質に対しても同じことが起これぱアトピー性皮膚炎などに効果があるのでは？　と思った。

スギ花粉などのアレルゲンが鼻や目の粘膜に付着すると体は異物がきたと思いIgE抗体という対抗物質をつくる。これが肥満細胞に付着すると、次に新しいアレルゲンが入ってきたときのアレルギー反応を起こす準備体制となる。これを感作というが、もしつぎのアレルゲンが侵入してくると肥満細胞に付着しIgE抗体と結びついて、肥満細胞中の酵素が活性化しヒスタミンやロイコトリエンなど生体アミンを放出する。これらの物質が神経や血管を刺激してくしゃみ、鼻水、鼻づまりなどの症状を起こす（図4・2）[16]。アトピー性皮膚炎（アトピー）の潜在患者数は、日本全国で一二〇〇万人にも達するといわれている。アトピーに伴うかゆみは就寝時、無意識に肌を掻きむしってしまうほどだという。掻くことで患部がますます悪化し、さらにかゆくなる悪循環を繰り返す。

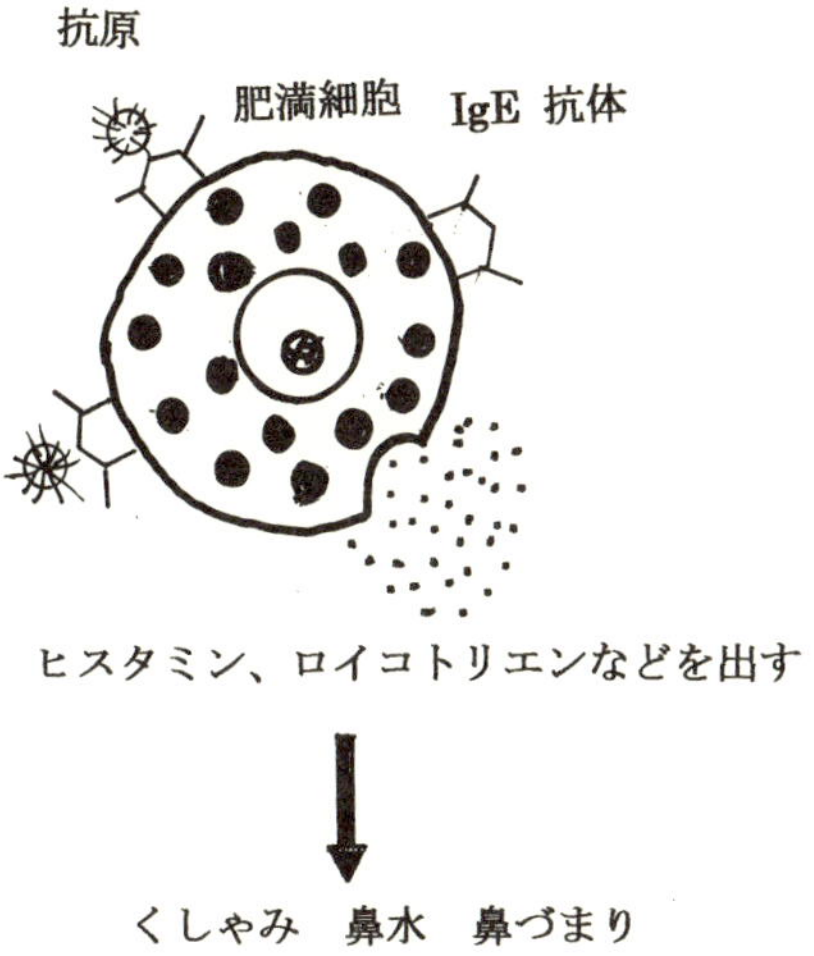

図4.2　アレルギーが起こるメカニズム

ちょうど、子供のアトピー性皮膚炎が急増し社会問題になっていた頃でもある。

動物実験へ

そのころ、大正製薬㈱と白金系制ガン剤の開発の共同研究をしていたので

「消臭繊維にかゆみを鎮静し、かぶれを起こさない機能があるらしいが、粉末にして軟膏薬などになるかもしれない、原因を解明してくれないか」

ともちかけた。数ヶ月後にヒスタミンによるウサギの筋肉の収縮をどの程度金属フタロシアニンオクタカルボン酸水溶液が抑制するかというデータをもらった。

その結果、一般の抗ヒスタミン剤と比較して同じか少し低いのが鉄(Ⅲ)で、続いてコバルト(Ⅱ)が低い。銅(Ⅱ)、ニッケル(Ⅱ)-フタロシアニンオクタカルボン酸は全く効果がない。ヒスタミンとこれらの化合物の結合力(結合定数)は鉄(Ⅲ)が最も大きく、続いてコバルト(Ⅱ)、銅(Ⅱ)、ニッケル(Ⅱ)の結合定数はきわめて小さいかゼロである。大正製薬㈱では事業化には踏み切らな

かったが貴重なデータをもらった。

それからしばらくして、卒業生の森下仁丹㈱の春原常務取締役が訪ねてきて、

「アニコという消臭材をやっているが、効果がいまひとつ。人工酵素と組み合わせて販売させてもらえないか」

といってきた。彼は腸溶性カプセルにビフィズス菌を閉じ込めた整腸剤を開発した人で有名だった。われわれの消臭繊維が商品化された後に工業技術院と某社の消臭剤が発表され話題となった。鉄塩にビタミンC（アスコルビン酸）を混ぜ一価の鉄イオンを生成させ、アンモニアなどの悪臭分子と錯体をつくらせて消臭するという技術であった。大手の有名企業もこの技術に注目し、松下電器㈱、新日鉄㈱などの企業がライセンス契約をして事業化を始めた。そのころ、新日鉄㈱の東海事業所に呼ばれ、人工酵素鉄（Ⅲ）-フタロシアニンがどのようなものか説明させられた。そこで消臭技術全般の講演をした。話の中に、鉄錯体が出てくるので、

「わが社には膨大な量の鉄がある。消臭に利用できるのなら使ってほしい」

と冗談をいわれた。この消臭剤を森下仁丹㈱も引き取って商品開発をしたが、

「アンモニア、アミン臭には効くが、メルカプタンやアルデヒド、インドール、スカトールには効きが悪い。そこで、人工酵素と複合化させてくれないか」

という。

虫のいい話だけれども森下仁丹㈱自体に興味もあったので、大和紡績㈱の了解をとって複合化し

た消臭材を販売することになった。大阪の本社に行って技術的打ち合わせをすることになりそのときに会社見学をさせてもらった。製薬関係の研究所があり動物実験ができるのを見て、

「人工酵素にはヒスタミンなどのかゆみやかぶれを起こす生体アミンと結合してかゆみやかぶれ、炎症を抑える働きがありそうだ。ラットの実験で証明できないか共同研究をお願いしたい」

と申し入れたところ了解してくれた。ネズミはかゆいとも痛いともいわないので、研究所ではヒスタミンをネズミの皮膚に塗ってかぶれを起こさせ、消臭繊維のガーゼを貼ってかぶれが治癒することを証明してくれた。この結果をまとめて横関院長が発表した(17)。これで人工酵素がひとまずかゆみやかぶれ、炎症を鎮める効果が明らかになったと思っていた。

人工酵素で加工したガーゼをいつも持ち歩いてかぶれやかゆみで困っている人に使ってもらい感想を聞いていた。

「ブラジャーの形状記憶合金の針金でかぶれる」

居酒屋のおかみが

「夜店を閉めて売り上げを数えるとき一万円札に触れると手がかぶれる」

多分新札のインキにかぶれるのだろうと使ってもらった。

ガーゼをブラジャーや手袋の内側へ縫いつけ使ったら

「かぶれがとれた」

「もっと欲しい、どこで売っているのか教えてほしい」

など、評判になったが、このようなものは厚生労働省の薬事法の認可がいる。大和紡績㈱の卒業生たちはすぐにも売り出そうとしていたが

「認可を取ってからのほうがよい、慎重に頼む」

と抑えておいた。チャンスは数年たってやってきた。

本格的臨床試験へ

二〇〇五年頃、八森当時繊維学部長から㈶新技術事業団（現㈱科学技術振興機構、ＪＳＴ）の沖村理事長を紹介してもらい知り合いになった。何回か会って話をしている中で理事長の息子さんがアトピー性皮膚炎で夜かゆくて大変苦しんでいるという。人工酵素繊維の話をすると使ってみたいという、早速下着のシャツとパンツを大和紡績㈱の檜垣君につくってもらい試着してもらった。後で、

「効いた」

と喜んでもらい、きちんと治験をして許可を取って販売したいがどうしたらよいか相談すると、科学技術振興事業団（ＪＳＴ）の「創造的シーズ展開事業」をすすめられ、「医療用具として商品化するための効果の実証」を目的に大和紡績㈱から応募してもらった。審査委員会には専門家もいるので、信州大学からも皮膚科、小児科学教室にも参加してもらったが、

「ヒスタミンは皮膚の中で分泌されるもので表面には出てこない。それをブロックするメカニズム

は賛成できない」

ということで不採択になってしまった。医学部の皮膚科や小児科の専門家はこの話をすると頭から、「巷にある民間療法、インチキ治療薬的な考え」「繊維学部でこんな研究は専門外、信用できない」など半信半疑の反応だった。信州大学繊維学部では文部科学省の各学問分野で優れた研究をやっているプロジェクトを二〇～三〇選び、研究・教育費を集中投下して世界的拠点を育成する21COE（センター・オブ・エクセレンス）プログラムの化学・材料分野で「先進ファイバー工学研究教育拠点（拠点リーダー白井汪芳）」が採択され、そのテーマの一つに取り上げ医学部と連携して臨床試験をお願いし、化学的研究は繊維学部で行った。

医学部と連携して、アレルゲンがタンパク質でアレルギーを起こすダニ、ネコの毛、スギ花粉などあらゆるアレルゲンタンパク質が手に入ることがわかった。その頃、大和紡績㈱はホールディング制に移行し、消臭チームは国際研究開発中心のダイワボウノイ㈱に移り、担当していた檜垣君は主任部員になり、新しく社長に就任した阪口さんがその年の卒業生杉原君を採用し、消臭機構の解明でドクターを取った築城君の三人が中心になって集中的に研究をしてくれた。

手に入れた各種のアレルゲンタンパク質と金属フタロシアニンオクタカルボン酸など加工繊維との反応を調べると、鉄（Ⅲ）、コバルト（Ⅱ）-フタロシアニン加工レーヨン繊維はアレルゲンを吸着しやすく脱着し難い。これに対し銅（Ⅱ）、ニッケル（Ⅱ）-フタロシアニン加工レーヨン繊維は吸着

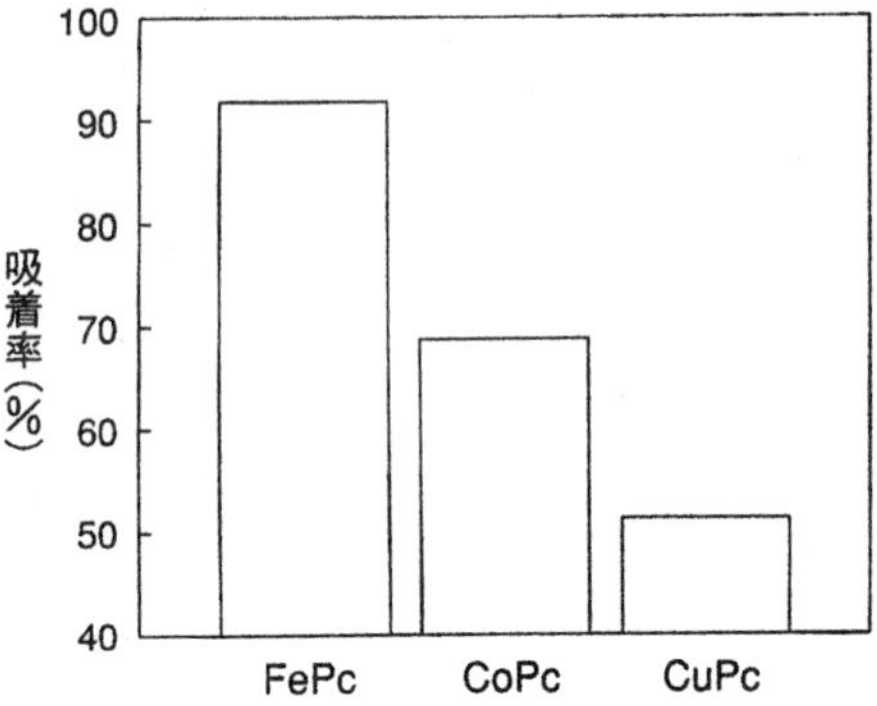

図 4.3 鉄（Ⅲ）、コバルト（Ⅱ）、銅（Ⅱ）-フタロシアニンオクタカルボン酸を担持したレーヨン粉末によるダニアレルゲンタンパク質の吸着率

しないことがわかった（図4・3）。さらに、ダイワボウノイ㈱の檜垣君が（独）農業・食品産業技術総合研究機構と共同で二重カラムの上側にフタロシアニン加工レーヨン繊維を入れダニ、ネコ、ゴキブリ、スギ花粉、ダイズのアレルゲンタンパク質溶液を通過させ、ろ過液を分析すると幅広いアレルゲンタンパク質が加工繊維に吸着することが明らかになった。しかも繊維中のフタロシアニンが三パーセントの場合九〇パーセント以上のアレルゲンタンパク質が吸着するという[19]。

スギ花粉アレルゲンタンパク質をシャットアウトすることが明らかになったことで、ダイワボウノイ㈱は花粉シーズンを前に抗アレルゲンマスクを販売した。また、ダニアレルゲンを防御する消臭フィルターを販売し、東芝、日立、三洋電機の掃除機に搭載された。

治験と結果

一方信州大学医学部では、下着の左半分を鉄（Ⅲ）-フタロシアニンテトラカルボン酸で加工し、

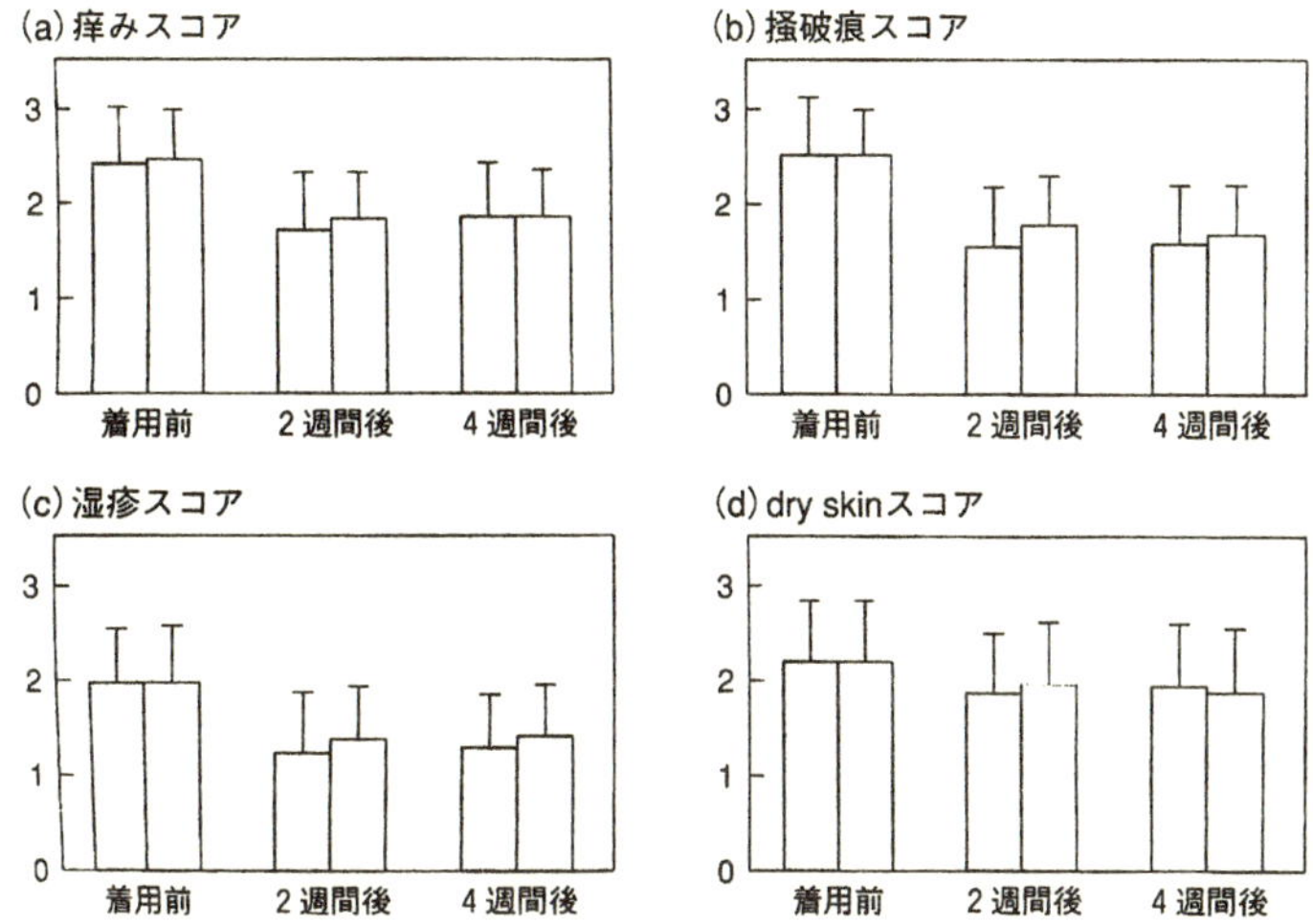

図 4.4　鉄（Ⅲ）-フタロシアニンテトラカルボン酸で加工したシャツ着用によるかゆみ鎮静効果。左：対照部位、右：被験部位

右半分は同じ薄いグリーンで染色した下着を一九人のアトピー性患者に着せその効果を皮膚科医の手法で観察してもらった。その結果、着用二週間でかゆみスコア、ひっ掻きスコア、湿疹スコアが低下することが明らかになった（図4・4）[18]。次の年、これらの結果をもってＪＳＴに再度申請してもらい採択され、本格的治験を実施することになった。自治医科大学皮膚科学の中川教授の指導で、北海道から鹿児島までの病院で約二〇〇人のアトピー性皮膚炎の患者を対象に、鉄（Ⅲ）-フタロシアニン加工繊維と未加工繊維の下着を用いてかゆみ鎮静効果の臨床試験が行われた。臨床試験は厚生労働省の認定機関、(独)医薬品認定機関に檜垣君が絶えず指導を仰ぎに行きその指示に従って行われた。その結果、やや有効

以上が八一・三パーセントの好結果が得られた[20]、[21]。

担当医師からも、

「かゆみが鎮まって、患者の睡眠が改善された」

「皮膚の損傷が軽減した」

などプラスの意見が多かった。

加工繊維は細胞毒性、皮膚感作性をはじめとする生物学的安全性も確認された。

商品名「アレルキャッチャー」の販売

この結果をもってダイワボウノイ㈱は厚生労働省に「医療用具」として申請したが、

「治療効果がある繊維は前例がない」

と受理もされなかったという。三億円の開発費をかけたが、失敗に終わってしまった。しかし、JSTの強い要望で阪口社長も思案の上に、

「医師の診断を経て患者が購入する医療雑貨品として成功」

とすることに了承した。さらに、日本アトピー協会推薦を取りつけ、アンダーウエア、チューブサポータ、スタンプソックス、マスク、羽毛ふとん、寝具、便座カバー、カーペット、家電フィルター、エアコンマスクなどとして同社から販売された。

二〇〇二年三月に読売新聞に、二〇〇三年五月の読売新聞、日刊工業新聞で報道され、二〇〇六

年九月に販売の見通しがたったことから、日経産業新聞、日刊工業新聞などに報道され、一〇月に販売が開始された。二〇〇九年三月ＮＨＫ国際放送でアレルキャッチャーマスクが全世界に報道された。

第五章　メディカル分野への挑戦

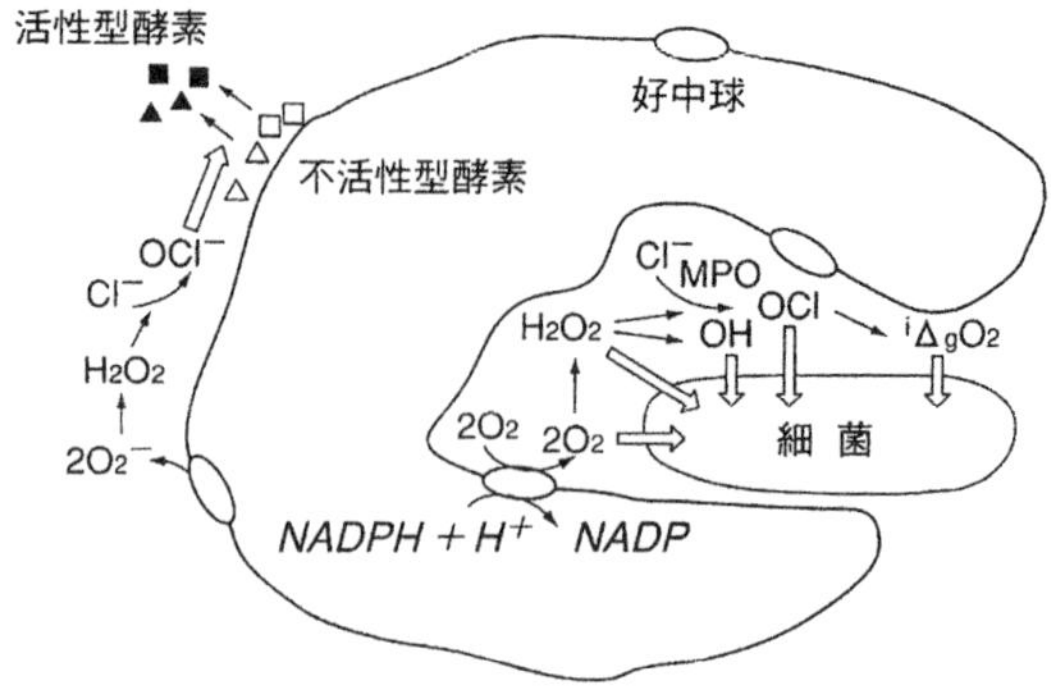

O_2への電子は、NADPHから供給される。ミエロパーオキシダーゼは、H_2O_2とCl^-からOCl^-の生成を触媒する。不活性型のコラゲナーゼ（□）やゼラチナーゼ（△）は、OCl^-で活性型（■、▲）になる。

図 5.1　好中球での活性酸素産生とそれによる殺菌作用
（白井汪芳，加工技術，42, 48 (2007)より）

人工白血球をねらって

白血球は外部から侵入してきた異物を自ら自身の中に取り込み、消化分解する役割を果たしている血液の成分である。その消化作用は白血球の四五～七五パーセントを占める好中球の中で営まれる(図5・1)[22]。たとえば、急性の細菌感染や特定の真菌に感染すると好中球が著しく増加し、防御機構が働く。すなわち、赤血球によって運ばれた酸素をＮＡＤＰＨ（ニコチンアミドアデニンジヌクレオチドリン酸）で還元し酸素分子のマイナスイオンと過酸化水素をつくる。過酸化水素は分解しヒドロキシラジカルを生成し、また塩素イオンを酸化して塩素酸イオンをつくる。これらの酸素マイナスイオン、過酸化水素、ヒドロキシラジカル、塩素酸イオンをバクテリアなどに吹きかけて殺菌し、また有害物質を分解する。塩素イオンを過酸化水素で酸化し塩素酸イオンをつくる触媒としてミエロパーオキシダーゼという酸化酵素が使われる。パーオキシダーゼは一般にはリグニンや海藻に含まれるブロモフェノールの生合成や分解、ホルモンの生合成などの生物の代謝反応の中で、過酸化水素を使った強力酸化反応を触媒する酸化酵素である。

鉄(Ⅲ)-フタロシアニンオクタカルボン酸水溶液でコーヒーの香り成分グアヤコールを過酸化水素存在下で酸化すると、酵素パーオキシダーゼと全く同じ反応機構で反応が進行することを小西君が卒論で解明した。過酸化水素を使わない酸素酸化反応の速度の一千倍にもなった。ポリビニルアミンにイオン結合で鉄(Ⅲ)-フタロシアニンをつけた酵素モデルの反応の pH 依存は七付近で最高速度となるベル型となり、天然酵素と同じような挙動が観測された[6]。

「人工パーオキシダーゼで人工白血球ができないか、そうすれば新しい殺菌システムができる」

すでに、抗菌・殺菌剤は山のようにあるが、好中球の機構にまねたバイオミメティック殺菌法はまだない。当時の小山助手と三協精機㈱に入社し社会人博士課程の福沢君らが、コバルト(Ⅱ)-フタロシアニンテトラカルボン酸を電極に固定する技術を開発し、電流を流すと色が変わるエレクトロクロミックディスプレイの開発研究をやっていた。酸素分子の還元を生体内ではＮＡＤＰＨという還元剤を用いて行っているが、電極から電子を供給して酸素を還元すればよい。小山助手と鵜飼君(現東海ゴム㈱)がそのシステムを試作し、実際に酸素分子イオンから過酸化水素を電極上で生成する系を確認した。その当時、コンタクトレンズは使い捨てではなく高い貴重なものだったので毎日過酸化水素水で殺菌していた。この電極を用いれば半永久に過酸化水素を生成する殺菌システ

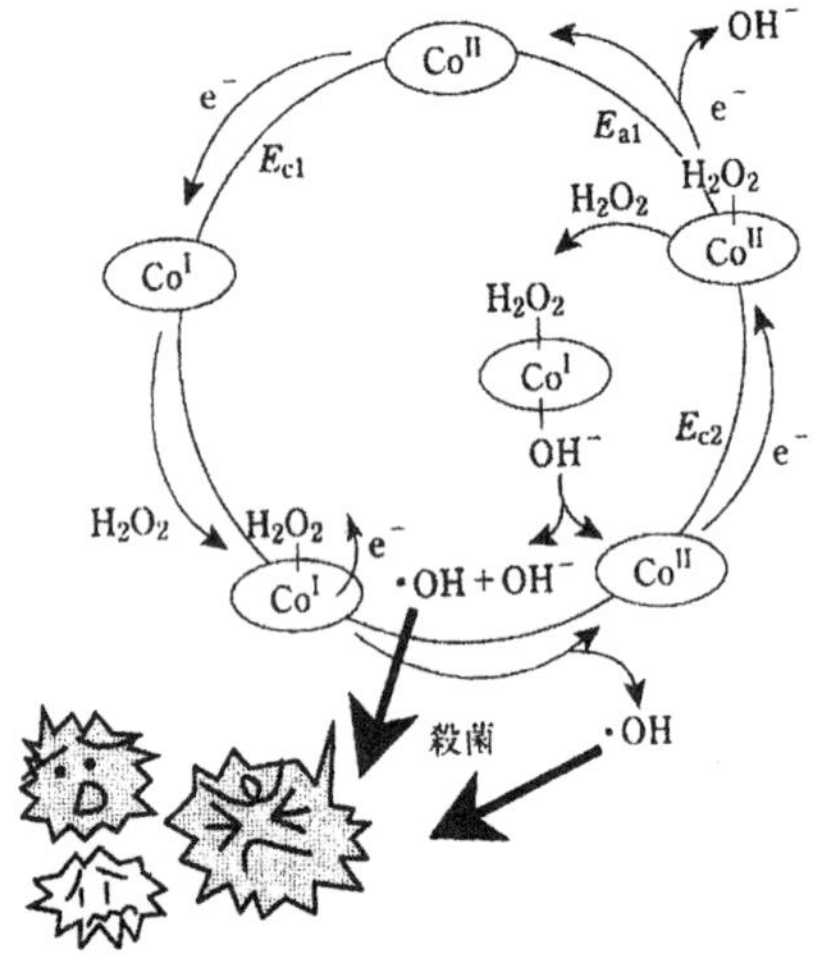

図 5.2　コバルト(Ⅱ)-フタロシアニンテトラカルボン酸で電解メッキした電極による殺菌メカニズム

ムができるのでは。さっそく、コンタクトレンズの大手メーカーであるメニコン㈱に売り込みに行った。たまたま運よく北條研究室の大先輩、河合さんが三菱レーヨン㈱を退職されて開発部におられたこともあってすぐに共同研究になった。小山助手と鵜飼君が殺菌システムを試作し大腸菌の殺菌能を調べた。一・五ボルトで一時間通電すると約半分の大腸菌が死滅した（図5・2）[23]。特許出願したが実用化には至らなかった。

酵素の研究室から博士課程に一戸君（現保谷ガラス㈱）がきたので、

「人工白血球の研究をまとめてみないか」

ともちかけたら了解してくれた。彼はそのほかキャノンスター㈱（現スタージャパン㈱）と紫外線カットの人工水晶体を開発し現在販売されている。過酸化水素は発ガン性があってあまり好ましくないので、過酸化物を多くもっている日油㈱の村田常務（大阪大学故竹本研究室出身）に

「安全で安定な過酸化物はないか」

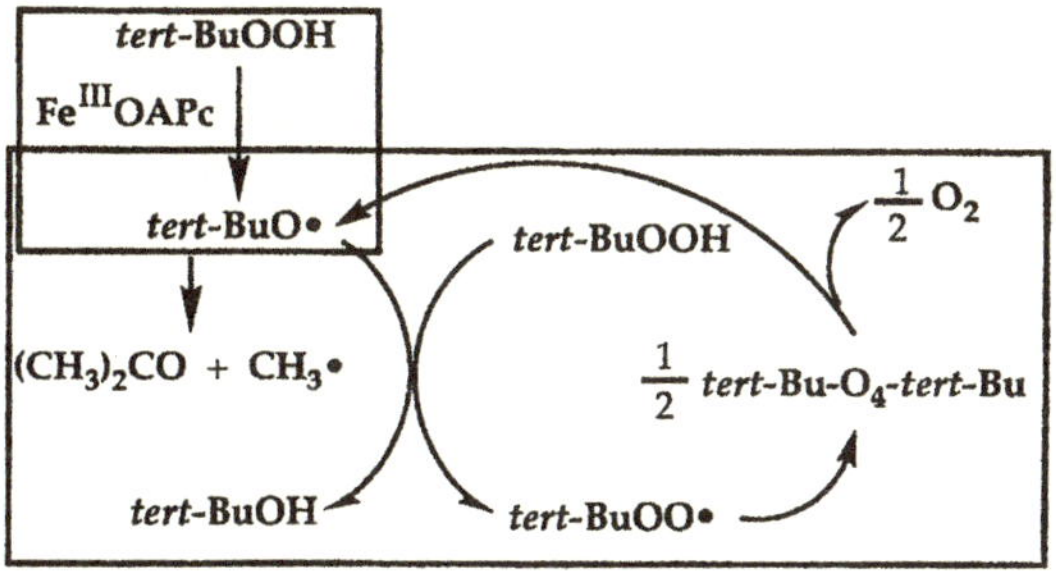

図 5.3　鉄（Ⅲ）-フタロシアニンオクタカルボン酸による水溶性有機過酸化物（tert-BuOOH）のラジカル連鎖分解（白血球にまねた人工殺菌システム）

と聞いてみると、tert-BuOOH（t-ブチルH）という有機過酸化物を提供してくれた。二〇ミリモル以下の人工パーオキシダーゼ水溶液にミリモルオーダーのt-ブチルHの溶液を注ぐとMRSA（メチシリン耐性黄色ブドウ球菌）など六種類の菌を完全に死滅させることができ「人工好中球」ともいえるシステムができた。この頃、院内感染が話題となっており、この研究はMRSAなどを殺す殺菌システムとして注目された（図5・3）[24]。日本油脂（現日油㈱）と共願特許を出したが、実用化はまだされていない。

消臭繊維の靴下で水虫が治る？

「足の臭いも消える！」

靴下やインソールへの消臭繊維の応用も開発直後からあちこちから話があったが、本格的に開発に成功したのは、羊毛へ鉄（Ⅲ）-フタロシアニンと銅イオンを加工した消臭靴下である。ユニチカ㈱と共同開発し、大丸デパートでしばらく販売されたが長続きする商品にはならなかった。

以前からダイワボウノイ㈱の檜垣君が、

「消臭繊維の靴下は水虫に効く」

といっていて、彼自身も五本指の指先を人工酵素で染めた靴下をいつも履いていた。

水虫は疥癬菌（一種のカビ、真菌）が皮膚の角層に発育して起こる感染症で、足の指の間、足の裏に繁殖すると皮がむけたり、水泡ができたりしてかゆみを伴うことが多い。足の水虫爪（爪疥癬）、股（いんきんたむし）、体（たむし）などに移って行くことが多いという。最近は特効薬ができてすぐ直るといっているが、水虫で悩んでいる人は多い。

鉄（Ⅲ）-フタロシアニンオクタカルボン酸でカチオン加工綿を処理したものは疥癬菌に対して抗菌性があることを築城君たちが明らかにした(25)。人工酵素で加工した綿布に白癬菌の胞子を塗布し二七度で一週間培養しても菌の生育は認められなかった。この加工布でつくった五本指の靴下を水虫に感染した被験者に七時間はかせた後、サブロー寒天培地に足底を五秒間圧抵し密閉後三六度で一三日間培養したが、菌の繁殖は認められないことから疥癬菌に対して殺菌効果がある五本指の水虫用靴下としてダイワボウノイ㈱から販売されている。

トリインフルエンザに効果があるマスク

消臭・抗アレルゲンマスクは以前からダイワボウノイ㈱が販売していたが、効くという人が多い割には売り上げが伸びなかったらしい。元鳥取大学の大槻教授が長年鳥インフルエンザウイルスの研究をしていて、池の泥からウイルスの殺菌に効果のある物質を見つけ「ドロマイト」と名づけ、不織布に加工しマスクにしてダイワボウポリテック㈱で販売しようとしていたそうである。Ａ型インフルエンザはすべて鳥が宿主である。その亜型はほとんど病原性がないが、二〇〇九年、メキシコで流行した新型インフルエンザのようなものもあり、鳥と豚の間で感染を繰り返すと新型に変化する。二〇〇〇年、アジアで発生した鳥インフルエンザウイルスは四二度で適応していたが、それより低いヒトの体温でも増殖能をもつようになったという。教授が鳥取大学から京都産業大学に移られ鳥インフルエンザ研究センターができたそうである。

そこで、消臭・抗アレルゲンマスクに使われた不織布を鳥インフルエンザ液に浸し一〇分間放置し、発育鶏卵の赤血球凝集反応を調べる方法で、鳥インフルエンザウイルスに対する抗ウイルス性があるか評価してもらったところ、反応後一〇分間で九九・九九九パーセントウイルス力価は減少し、高い殺ウイルス性が確認された[26]。当初、ダイワボウノイ㈱はセブンイレブン㈱からアレルゲンをキャッチして不活性化するマスクとして限定販売したが、二〇〇九年、メキシコの新型インフルエンザが発生し、すぐダイワボウノイ㈱の部長がメキシコ大使館に一万個提供した。高い殺ウイルス性をもつことが知られ、ダイワボウノイ㈱の株価が急騰し四月三〇日にストップ高になった（日経二〇〇九年五月一日）。抗ウイルス・抗アレルギー・消臭マスクも朝日新聞、日刊工業新聞などで報道され、現在も好評市販されている。

フリーラジカルとガン

一九七二年、大阪大学の故竹本喜一教授研究室で銅イオンを開始剤とするラジカル重合の研究を頼まれた。竹本先生が大阪市立大学の有機化学・高分子の権威、井本稔先生の研究室で助教授をされていたときの話である。

卒論生が、エタノールアミンがアクリロニトリル（ＡＮ）をラジカル重合することを見出した。その学生は卒業して四月に会社に就職したが、何かの都合ですぐやめて研究室に帰ってきたそうである。高分子学会の関西支部ではその頃毎年夏神戸で高分子研究発表会を開いていたが、そこにその結果を発表したらどうかということになり申し込み、追実験が始まった。ＡＮのラジカル重合は試験管のような形で一方が細くなっている重合管に溶媒（たとえばＤＭＦ）、モノマー（ＡＮ）、開始剤と呼ばれる触媒（エタノールアミン）を注ぎ込み、冷却して真空にする操作を繰り返し完全に酸素を脱気し細い部分をガスバーナで溶接する。これを一定温度で一定時間反応させて管を切ってメタノールなどの重合物が溶けない溶媒に注ぎ、ポリマーをろ過し洗って乾燥する。重合率は全モノマー量（重さ）の何グラムがポリマーに転換されたかパーセントで求める。しばらくたってその学生が

「先生、何回重合しても以前のようにＡＮは全く重合しませんが、どうしたらよいでしょうか」

と悩みに悩みぬいていってきたという。発表の日がどんどん迫ってきて先生たちもあわててきて、教授以下立ち合いでもう一度重合実験をしたが、全く重合しなかったそうである。そこで、卒論で

成功した実験とどこが違うか、一つ一つ点検するとエタノールアミンを重合管に注入するのに、今回はガラスのキャピラリーを使用し成功したときには金属製のマイクロシリンジを使用している違いがあることがわかった。早速、重合液を超微量の金属が分析できる放射化分析をしたところ、金属製のキャピラリーでエタノールアミンを注入した液から微量の銅が検出されたという。

これがきっかけで、微量金属イオンによるラジカル重合が注目されるようになり、触媒系に微量の金属イオンを添加する研究が盛んになった。

生体関連分子の金属錯体によるラジカル重合

竹本先生は核酸塩基やアミノ酸など生体分子と銅イオンの系に興味をもっておられ、ヒスチジンの塩基イミダゾールと銅イオンによるアクリロニトリルの重合機構を研究して欲しいと卒論生長友さん（現凸版印刷㈱）をつけてくれた。それまで、金属イオンによる重合実験では金属イオンとたとえばアミノ酸の混合水溶液を開始剤に添加する方法で行われていたが、銅（Ⅱ）-イミダゾール錯体の結晶をつくってこれをDMF中に溶かしアクリロニトリルを加えた重合系に変えた。錯体の銅（Ⅱ）から一個の電子がANに移動しANラジカルを生成しこれがラジカル重合を開始する。銅は一価になることを想定して速度式を予測した。ある会で井本稔先生に会いその予測を話すと、「実験もしないうちに結論を出すことはひかえるべき」と一喝された。しかし一ヶ月後に実験速度式が得られ、この予想は的中した。長年、微量の銅イオンによるラジカル重合のメカニズムが解明され、竹本先生がドイツの高分子の雑誌に載せてくれた。先生は金属錯体を使うラジカル重合で信州大学に帰ってもこのテーマを進めて欲しいということを希望されたので、修士課程の石本君（現日本チバガイギー㈱）らが研究室でつくった金属錯体を端から重合をしてみようということになった。

人工酵素による酸素存在下のラジカル重合

その一環で金属フタロシアニンテトラカルボン酸を用いてＤＭＦ中でＡＮの重合を試みた。試験管中でそのまま混ぜて放置すると、鉄（Ⅲ）-フタロシアニンテトラカルボン酸のみが粘度が高くなり重合していることを示したので、重合機構を検討するために混合液を重合管で脱気してやったが全く重合しない。脱気しないと重合する。酸素が存在しないとラジカル重合しないのだ。ラジカル重合の常識を全く破る結果である。

鉄（Ⅲ）がＡＮから一電子奪いＡＮラジカルを生成し、通常のラジカル重合が進行する鉄は二価となるが重合を開始するためには三価に酸化されなければならず、酸素が必要であることがわかった（図５・４）[27]。このことは、鉄（Ⅲ）-テトラフェニルポルフィリンでも起こった。そのとき、生体内でのガンの発生はこれと同じメカニズムでも起こるのではないかと思った。その後、アメリカで「Free Radical in Biology」という本が出たことを知った。そこにはポルフィリンからのラジカル生成の予測的考察が載っていた。

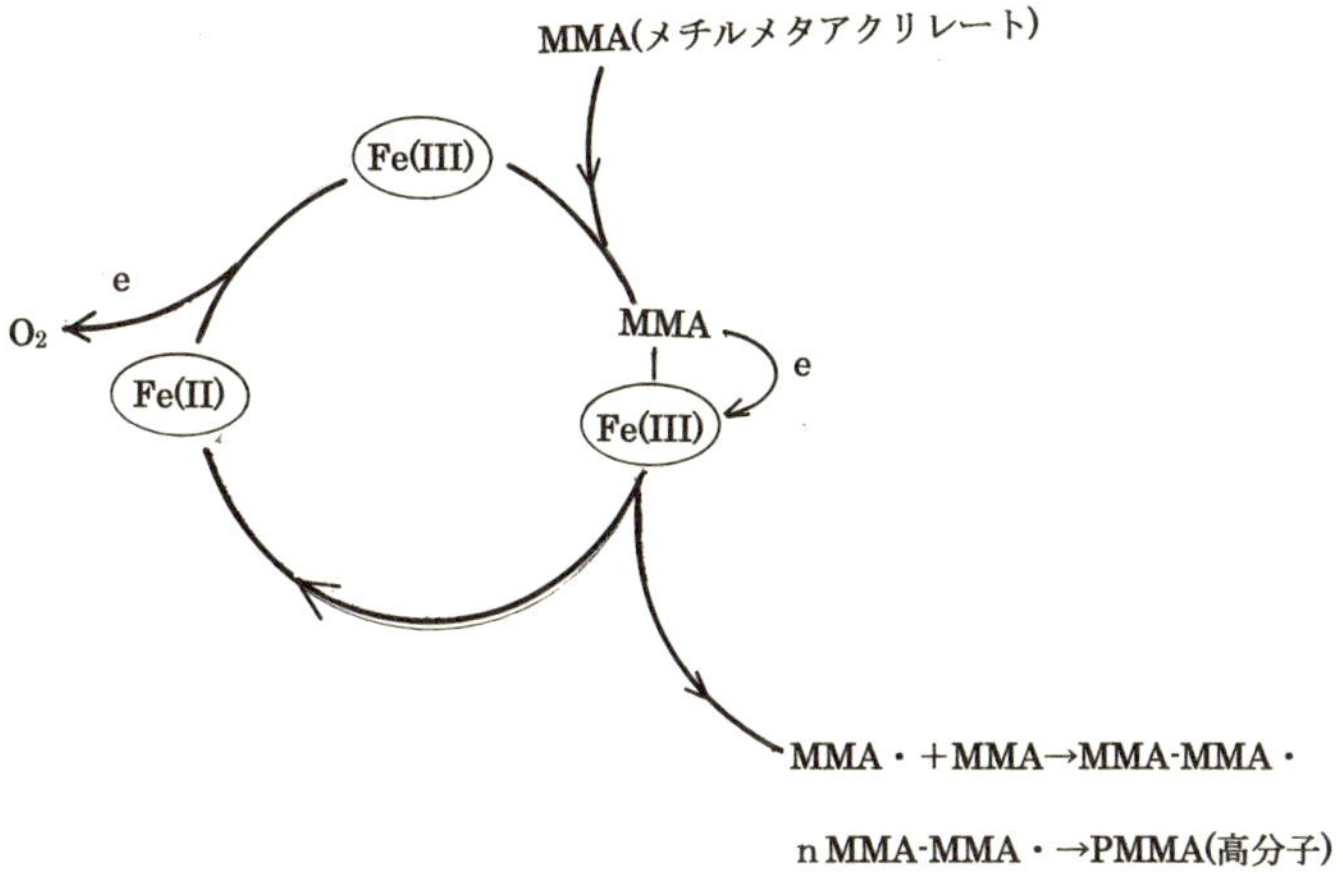

図 5.4　鉄（Ⅲ）-フタロシアニンテトラカルボン酸によるメチルメタアクリレート（MMA）の酸素存在下でのラジカル重合のメカニズム

「ガンは生体内の金属と関係がある」北條先生の昔からの持論だった。

「ガン組織の中にはある金属が濃縮されているかもしれない」

一九六五～一九六六年にかけて、上田市内の国立病院の外科の医師からガン組織をもらってきて金属の分析をし正常組織と比較した。当時は組織を硫酸分解し比色法で分析するのだから労力は大変なものである。しかも、相当な技術がないとデーターも信頼できなかった。有意な結果はついに出なかった。さらに後になって、大正製薬㈱の大関常務と知り合い、研究所の並木さんと「金属錯体と薬」に関する共同研究をすることになった。

副作用のないガン化学療法薬―シスプラチン誘導体

ガンはタンパク質を合成する過程で、二四種のアミノ酸の配列を決めるＤＮＡの塩基に傷がつき正確な配列ができない機能しないタンパク質がつくられてしまうことによってできる。

その後、金属錯体はブレオマイシンのようにＤＮＡの層間に挟まり酸素ラジカルをつくりガンをつくるもとのＤＮＡを切断しガン細胞を殺すタイプ、ＤＮＡの塩基に直接配位するもの、フタロシアニンのようにガン細胞に濃縮されレーザーを当てることでガン細胞を破壊するタイプなどが見出されていた。シスプラチンは白金に二つのアンモニア分子の窒素と二つの塩素イオンがシス型で結合した錯体である（図５・５）。配位結合を発見したウェルナーが一八四五年に錯イオンのシス-トランス異性体で使った化合物である。一九六五年、アメリカのローゼンベルグが電場の大腸菌に対する影響を実験中、偶然白金電極の分解物が菌の増殖を抑えることを発見した。一九六九年にはガン細胞の分裂制御に対する研究が行われ、動物腫瘍において幅広い抗腫瘍スペクトルを示す化合物であることが判明し一九七八年アメリカ、カナダで、一九八三年には日本で承認され現在使用されている。

白金錯体が、ガン細胞のＤＮＡのグアニン、アデニン塩基の七位に結合し、二つの塩素イオンを離してＤＮＡと結合しＤＮＡ鎖内に橋かけをして殺すのである。トランス型にはこの効果はない。シスプラチンはガンスペクトルが広く非常に効果の高い化学療法薬だが腎毒性、悪心・嘔吐の副作用があり、投与前後に各水一・八リットルを飲ませないと腎臓がやられてしまうほど副作用が強い。

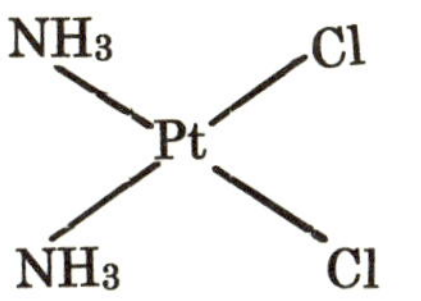

図 5.5　シス-ジアミンジクロロ白金（Ⅱ）（シスプラチン）

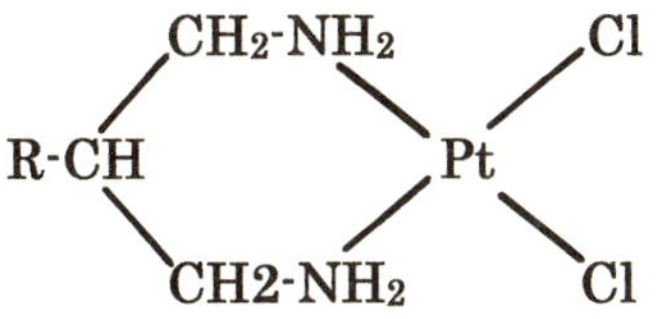

$R=H,CH_3-,C_2H_5-,nC_3H_7-$・・

図 5.6　副作用の少ない白金錯体。ジクロロ（2-アルキル-1,3-ジアミノプロパン）白金（Ⅱ）

そこで、副作用のないシスプラチンの新しい誘導体を開発することになった。北條教授の研究でガンを市内の国立病院にもらいに行って実験したときに北條先生が

「ガンの組織は脂肪が多い」

といっていたし、実際触ってみてそんな感じがしたので、油に溶ける白金錯体をつくることになった。

後に大正製薬㈱に入社した修士課程の高橋君が英助教授（現信州大学大学院教授）の合成テクニックで1，3-プロパンジアミン（PDA）の二位の炭素にメチル、エチル、プロピル…オクチルなどのアルキル誘導体からジクロロ（2-アルキル1，3-ジアミノプロパン）白金（Ⅱ）をつくった（図5・6）。また、当時高分子医薬の研究が話題を集めていたので三菱化学㈱との共同研究をしていたポリビニルアミンの白金錯体もつくった。大正製薬㈱の研究所では六週齢のCDF1系雄マウスの腹内腹腔内にp388白血病細胞一〇〇万個を移植後、翌日からこの化合物を一日五回連続投与、その体重変化と生存率を調べた。

体重変化の測定では、副作用が強いと体重減少が著しくなる。

市販のシスプラチンは最初体重減少が著しいが、なんとか生き残ると体重が回復して行き最後は回復する。八匹を対象にしたがすべて生存する。ＰＤＡ誘導体ではプロピル、イソプロピルなどアルキル基の短いものが副作用も少なく効果が高かった。アルキル基が長くなると、また高分子も副作用はないが抗ガン効果はなく死滅してしまった。これらの結果は、高橋君が日本化学会春季年会で発表し高い関心が集まった。科学新聞の一九八六年五月一六日付にも取り上げられた。副作用が少なく八匹生き残って治癒するものは特許出願し、次のステップへ進んだが、外国の企業から特許で類推できる化合物ということでクレームがつき事業化を大正製薬㈱があきらめてしまった。その後何年もかけて一〇〇以上のシスプラチンの誘導体を合成したがいいものは出なかった。

ガンの化学療法薬として今もこの副作用のあるシスプラチンは使われている。

人工酵素はかゆみ、かぶれ、殺菌、殺ウイルス、褥創防など医療・介護分野での応用範囲は広い。特にスマートケア（介護）関係では消臭とこれら機能の要求が一番多い。世界でも類はないようで興味を抱いてくれる。

第六章　環境問題の難問に挑戦

自動車の排ガス浄化へ挑む

一九四〇年代後半にロスアンゼルスで光化学スモッグが多発し、原因が自動車の排ガス中の一酸化炭素（CO）、炭化水素（HC）、窒素酸化物（NOx）から日光によりオゾン、オキシダントを生成するためとわかり研究が始まった。その後、光化学スモッグは東京でも起こり大問題となった。最近は中国でも多発しているという。一九八七年から日米すべての車にこれらの排ガス成分を分解する触媒が義務づけられた。

「人工酵素で排ガス成分を分解できないか」

バキュームカー消臭隊は早速、人工酵素をモンモリロナイトに吸着させ〇・五×一センチメートルの粒子として管に詰めて車の排気管の後方に取りつけ、エンジンをかけて排ガス濃度をガスセンサーで計測した。NOx, COは六〇～七〇パーセント減ったがHCは当然だが効果はなかった。それどころか当時の一〇〇〇ｃｃのライトバンの性能では排気に余計な付加がかかりエンジンが過熱し止まってしまい失敗に終わった。

二〇〇〇年に日米でさらに厳しい規制値が設けられることになり、トヨタ系でも触媒開発が最重要テーマになりあらゆる触媒を調査していた。悪臭物質を分解する人工酵素にも目をつけてくれ、当時カローラとスプリンター、フォークリフトを製造していたトヨタ自動織機㈱とフォークリフトに排ガス浄化触媒の共同研究をやった。研究室の卒業生の加藤君が研究開発部門にいて彼を通じて開発を始めた。東洋触媒㈱の最も表面積の大きい活性アルミナ粒子に人工酵素水溶液を減圧で吸着させ、効率のよい人工酵素触媒を調整した。フォークリフトは室内で使用するため排ガスが室内に充満し作業者の健康を害する。そのため、豊田自動織機㈱でも人工酵素触媒に期待した。毎月刈谷市に通って研究打ち合わせをした。

テストは排気管から出るガスを触媒管を通してCO, HC, NOx濃度を測定する。常温で九〇パーセント減少し、共同で特許出願をした。大和紡績㈱が松下住設㈱と消臭ホットカーペットを開発したとき、コバルト（Ⅱ）-フタロシアニンで加工した毛布を倉庫に積んでおいたら黄色く変色してしまい返品になったという。倉庫の中でフォークリフトの排ガスからのNOxが原因とわかったという。フタロシアニン環とNOxが黄色い電荷移動錯体を形成したのだ。NOxはこの反応で除去されていた。しかし、直後に排気パイプのエンジンとマフラーの中間にコンバーターの形で白金、パラジウム、ロジウムなどの貴金属触媒を取りつけたものが開発され、排気ガス温度が六〇度以下では人工酵素触媒の分解率が圧倒的に高いが、温度が九〇度以上では低温触媒燃焼になり分解率一〇〇パーセントになる貴金属触媒に敗れて採用にはならなかった。コバルトフタロシアニンは窒素酸化物を吸着する環境浄化材でもある。

石油の枯渇問題でブラジルのエタノール自動車が話題となったが、サンパウロ市内では排気ガスからのアセトアルデヒドが刺激的で頭が痛くなるという。鉄（Ⅲ）-フタロシアニンカルボン酸はアルデヒド類をきわめて高効率で分解する。ブラジルの話を聞いてブラジルへ行こうかとまた好奇心が騒いだものである。

人工酵素でダイオキシンをやっつけろ！

人工酸化酵素、パーオキシダーゼの論文を発表するとあちこちから反響があった。京都大学木材研究所の島田幹夫教授から、

「リグニンを分解するリグニンパーオキシダーゼの代替になるか試したい、人工パーオキシダーゼのサンプルが欲しい」

という話があり、サンプルを送ったら共著論文にしてくれた(28)。バイオマスとして今ほどリグニンが注目されていない頃である。

炭素–ハロゲン結合は分解しにくく、そのために有機ハロゲン化合物は難分解物質として環境問題になってきた。サイエンスにトリクロロフェノールの三つの炭素–塩素結合が鉄フタロシアニンと過酸化水素により脱塩素化できるという論文が掲載された(29)ので、われわれもすぐに鉄(Ⅲ)–フタロシアニンオクタカルボン酸またはテトラカルボン酸を活性中心とする研究を始めた。ドクターコースの一戸君が鉄(Ⅲ)、コバルト(Ⅱ)–フタロシアニンオクタカルボン酸と過酸化水素、次亜塩素酸系がトリクロロフェノールの脱塩素化反応を進め活性も高いことを明らかにした。しかも、カチオン性高分子に結合させた鉄(Ⅲ)–フタロシアニン、過酸化水素系は数分で脱塩素化することを見出した（図6・1）(30)。

これらの基礎研究が終わった頃、環境汚染物質の中で環境ホルモンが人や動物、植物に害を与えるかもしれない、中でも特にダイオキシン類が注目されだした。ポリ塩化ジベンゾ–パラ–ジオキシ

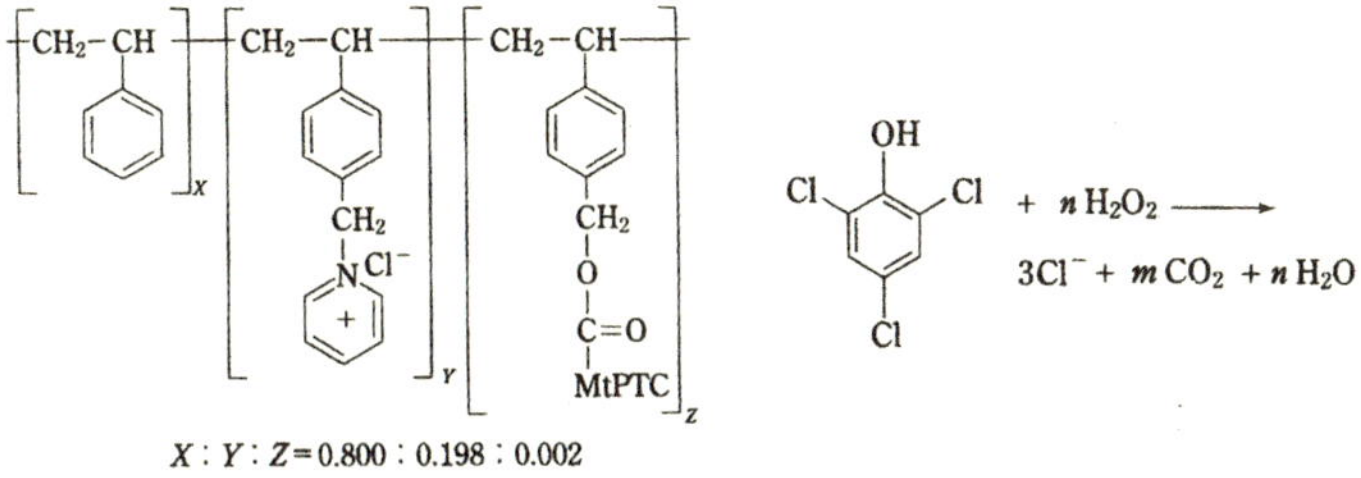

図 6.1　人工酵素鉄(Ⅲ)-フタロシアニンオクタカルボン酸(Mt-PTC)を結合した高分子によるトリクロロフェノールの分解

ンとポリ塩化ジベンゾフランという物質群をまとめてダイオキシン類と呼んで多くの仲間がある。その中でも2，3，7，8テトラベンゾ-パラ-ジオキシンは人工物で最も強い毒性をもつ。動物実験でネズミに与えたとき、その半数が死亡する量 LD50 は 10^{-6} g/kg である。また、ダイオキシン類はゴミ焼却による燃焼行程、金属精錬の燃焼工程、紙の塩素漂白など炭素・酸素・水素・塩素が熱せられる工程で意図せずできてしまうことが明らかになり、平成九年に環境省の大気汚染防止法や廃棄物処理法に焼却施設の煙突などから出るダイオキシン類の対策が始まった。それによって対策技術もいろいろ提案された。

「キノコの酵素がダイオキシンを分解！」

という新聞記事が出て、さらにスエヒロタケ、ヒラタケなどのラッカーゼ、リグニンオキシダーゼ、マンガンオキシダーゼなどの酵素がダイオキシンを分解することが報告された。

「人工パーオキシダーゼでもいけるのでは？」

「人工酵素でダイオキシンをやっつけよう！」

と研究室でも話題となった。しかし、そのような毒性の強いものを研究室で扱うわけにはいかない。焼却炉から出るダイオキシンの量は極微量で濃縮してガスクロマトグラフィー質量分析計で定量するのだが標準試料の取扱いが危険、国の指定した試験研究機関の結果でないと認められないとか、基礎研究を具体的に実用化するのは難しく多くの問題があった。そのうち、燃焼温度が八〇〇度以下の焼却炉からダイオキシンが発生するということが問題となり、大学の焼却炉も壊すことになった。廃棄した焼却炉の壁には基準値の一〇〇倍以上のダイオキシン類が付着していて、その処理には数千万円の経費がかかる。学部長をしていたときだったのでその経費の捻出に苦慮した。小中高の学校でも、

「焼却炉が使えなくなり困っている」

という記事が新聞・テレビで報道された。自宅でもゴミは炊けない、落ち葉も炊けない、たき火をすると消防自動車が来て注意される。ダイオキシン問題はどんどん大きくなった。われわれの方法は低コストでダイオキシンを処理できるはず。当時の木村助手や学生に、

「ダイオキシン処理技術の開発はインパクトの大きなテーマ、やらないか」

ともちかけた。

元東京工業大学教授の河合徹先生が、「新規事業研究会」という会を定期的に開催していて、そこでわれわれの構想を講演した。講演内容は大変関心を呼び多くの質問が出た。東京で環境浄化技術、特に、ポリ塩化ビフェニル（ＰＣＢ）の無害化燃焼法を開発しているベンチャー企業エイトック研究所の林社長が特に興味をもち接触してきた。ＰＣＢはポリ塩化ビフェニルの総称で塩素の数や結

合位置によって二〇九種類の異性体がある。その中のコプラナーＰＣＢと呼ばれるものは毒性がきわめて強いダイオキシン類として総称されるものの一つである。ＰＣＢは絶縁性、不燃性などに優れていたためトランス、コンデンサなどの電気機器をはじめ幅広い用途に使われていたが、昭和四十三年のいわゆるカネミ油症状事件のため昭和四十七年以降その製造は中止された。

しかし、それ以前に使われていたＰＣＢはわが国では処理施設の建設を住民が認めないために処理ができず、そのまま企業などに保管されている。保管が長期にわたっていることもあり紛失したり行方不明になったものもあり、ＰＣＢによる環境汚染の拡大は世界的問題となった。

そのため、残留有機汚染物質に関するストックホルム条約が平成十六年に発効され、わが国でも平成十三年に「ポリ塩化ビフェニル廃棄物の適正な処理の推進に関する特別処置法」が公布され、平成四十年までにＰＣＢを適正に処理することになったがまだ進んでいないと聞く。国内では、昭和四十七年までに五万四〇〇〇トンのＰＣＢが使用されており、トランスやコンデンサの絶縁油、化学工業、食品工業などの熱媒体、油圧オイルなどの潤滑油、その他可塑剤、印刷インキなど、広範に含まれている。

林さんらは遠赤外を出す蓄熱セラミックスレンガを使った炉、蓄熱塔と界面活性剤を水に加えて、灯油とともに超音波で撹拌し、混ぜた特殊燃料を使った高性能焼却炉を開発していた。この方法はダイオキシンの発生がきわめて少ないＰＣＢ燃焼法と自慢していた。わが国では、焼却炉の煙突から排出される煙の中のダイオキシン量は 5.0ng-TEQ/m^3 以下であるが、ドイツでは 0.1ng-TEQ/m^3

以下であるから、何年か後には日本もドイツ並みになるだろうといわれている。林社長は新潟市で機械工場を営む原社長と組んで、㈱新潟鉄工の敷地内に新しい焼却炉を設置して実証実験をしていたが、ダイオキシンの分析料が高くなかなか実証実験ができないでいた。

燃焼法によるＰＣＢの完全無害化処理

ＴＬＯ（テクノロジー・ライセンス・オーガニゼイション、大学などの技術移転機関）が全国の大学にでき始めた頃、その事業の一つに、大学における技術に関する研究成果を民間企業と大学などが連携して行う事業化可能性探索のための実用化開発を新エネルギー産業技術総合開発機構（ＮＥＤＯ）が補助する「大学発事業創出実用化研究開発事業補助金」が設けられた。信州大学にはＴＬＯが設立されていなかったので、繊維学部の㈶上田繊維科学振興会（現理事長白井汪芳）を管理法人として信州大学とエイトック研究所が共同でＰＣＢ完全無害化処理-焼却・人工酵素による触媒分解の融合方式に関する研究を申請し採択された。エイトック研究所のエマルジョン燃料による高温燃焼と蓄熱セラミックス炉材を組み合わせた高性能焼却炉に人工酵素によるダイオキシン類の分解技術を融合して、ＰＣＢを燃焼法で完全無害化することを目的にしている。焼却炉の建設に時間がかかるので、それまで焼却灰中のダイオキシン類の人工酵素による分解を試みた。林さんが㈱大林組に頼んで

「高知県に 300ng-TCQ/cm^3 以上のダイオキシン類を含む焼却灰が壁についた焼却炉がある」

ということでその灰を採取してもらい三島市の信州大学の同級生、赤尾君が社長をしている東邦加工建設㈱に持ち込み分析してもらうことになった。猛毒なダイオキシン類を含む灰の運搬は許可が必要で㈱大林組が中に入って引き渡された。灰の中からダイオキシン類をトルエンで約二週間ソックスレー抽出し、抽出液を濃縮しガスクロマトグラフィー質量分析装置で定量する。分析室は全体が減圧になっていて、部屋だけで一億円以上かかったといっていた。人工酵素の水溶液に灰を分散し一週間反応させ、次に過酸化水素溶液を加えて反応させ、反応液をトルエンでソックスレー抽出し濃縮した液を分析して比較した。

結果は、期待に反して数10ng-TEQ/cm^3減ったのみで優位な効果はなかった。ダイオキシン類は反応中灰の粒子の中にがっちり入り込んでいて表面に出ていたもののみが分解したのだろうと楽観的に解釈した。トルエン抽出液の中のダイオキシン類を人工酵素で分解すればわかるが、分析資金の不足でそのままになってしまった。

触媒装置がついた焼却炉が原さんの会社に完成したのは雪が近いその年の十二月だった。焼却システムは内部が遠赤外線を発する蓄熱セラミックスレンガの炉・蓄熱塔とエマルジョン燃料が効率よく噴出し一二〇〇度の高温で燃えるバーナーをもつ燃焼炉、煤煙を〇・一ミリモルの人工酵素水溶液、ついで〇・三ミリモルの過酸化水素水のミストを接触させる触媒反応ユニットが三ヶ所、煤煙の通過速度は速く入口から出口まで約二秒。廃出されたガスはトルエン溶液中にバブリングして採取し分析する。この装置でＰＣＢを燃焼させてその排ガス中にどのくらいのダイオキシンが検出

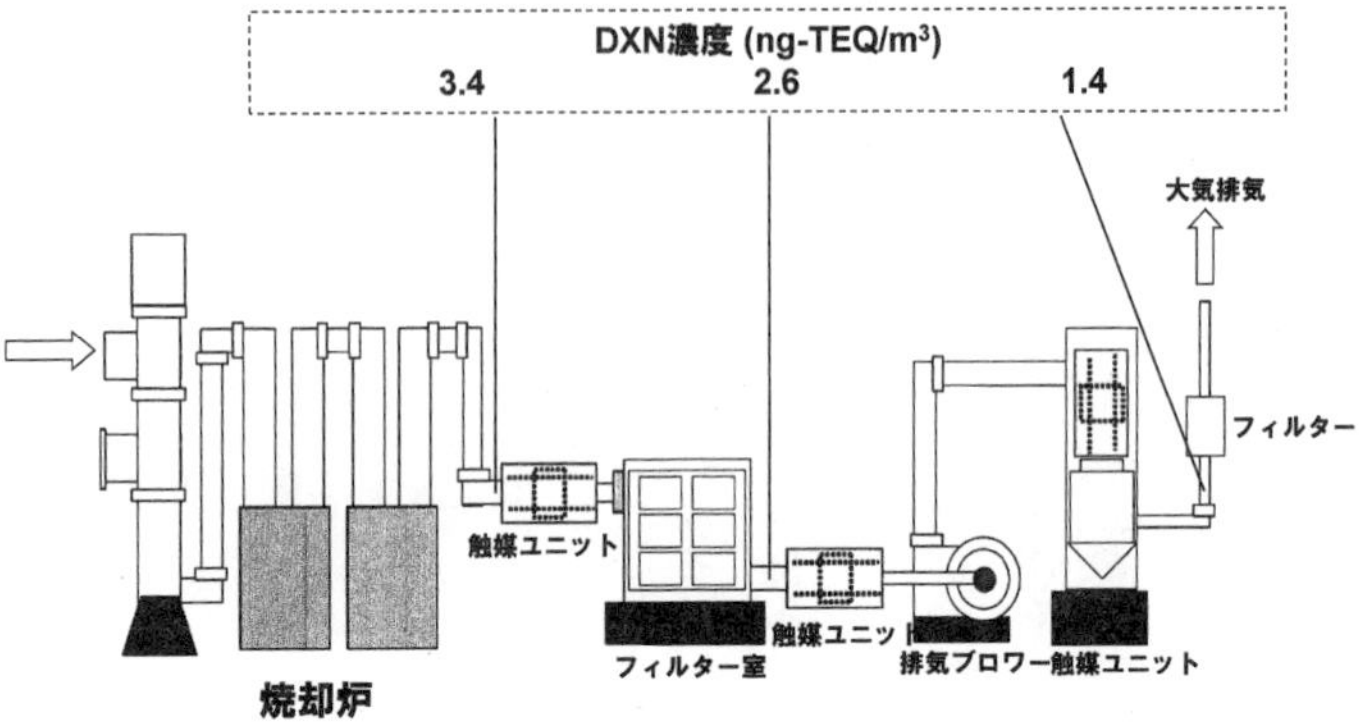

図6.2　実際の焼却炉を用いPCBを燃焼したときの人工酵素触媒ユニットの煤煙通過後のダイオキシン濃度

されるか調べることになった。危険物を扱うので新潟市と周辺住民の許可がいる。基礎的論文をもって市や周辺住民に説明し許可をもらった。

　雪がちらつく暮れにＰＣＢ混入油の第一回の実証燃焼実験を行った。分析はダイオキシンの分析で認可されている㈱島津製作所が担当し、分析技術者一〇名がきて採取した。分析費用は一回約二〇〇万円かかる。予算の関係で実験は二回である、失敗は許されない。二月に最後の二回目の実験をした。ダイオキシン類は八〇〇度以上での燃焼では完全分解する。この実験でもガスの噴出口の温度はかなり高く、そのためにダイオキシン類の総濃度は 0.000011 ng-TEQ/m^{3}と非常に低くかった。燃焼温度が高いので当然であるが炉内では完全にＰＣＢは分解することがわかった。

　ところが、排ガスが出口に向かって進み冷えてくると、ダイオキシン類が再合成され焼却炉の出口では約三万倍の3.4（二回目6.2）ng-TEQ/m^{3}になる。このガスが人工酵素触媒ユニットを一つ通過すると一瞬であるが2.6に、三つ目を通過したときには1.4（二回目2.1ng-TEQ/m^3）、三秒間で三分の一になった（図６・２）[18]。一〇分くらい通過時間を取れればほとんど分解できるはずであるが、焼却炉を設計製作する者にとっては、高価な炉でなくても安価な触媒装置でほとんどゼロになったら商売にならない。そのために通過時間の設定で長くすることをどうしても譲らなかった。彼らは焼却炉を五千万円で製作して八千万円～一億円で売る販売計画を立てていた。

その後、原さんは会社の都合で連絡が取れなくなった。

この技術により全国に蓄積する猛毒なＰＣＢを完全無害で処理できることがわかり、㈶上田繊維科学振興会で特許化されアメリカ、日本の特許を取得した。ＮＥＤＯ（新エネルギー・産業技術総合開発機構）からはこの技術をどこかで使うように指導されている。

長野市の廃棄物を取扱う企業にこの技術を信越放送㈱の林副社長が紹介してくれしばらく検討した。ここでは大きな焼却炉をもち廃物処理しているが

「煙突の出口温度が三〇〇℃くらいで煙が出て冷えるとダイオキシン類が生成するという。どの焼却炉も同じだそうであるがコスト面などどうにもならないので問題にしないでいる」

という。ゴミ処理場の焼却炉の煙を見るたびに

「日本中の焼却炉からダイオキシン類が排出されているのに」

と思う。

数年たって、松本微生物研究所に勤めている卒業生の新井君が上司の笹平さんと訪ねてきて、「二見が浦の海岸の大量汚泥がダイオキシン類で汚染されて、研究所では微生物を使って汚泥の浄化方法を開発している」

という。われわれの研究をどこかで知って話を聞きたいということだった。

「キノコの酵素だとか微生物では汚泥や煤煙・焼却灰中のダイオキシン類はそのままでは分解しない。そのために汚泥をトルエンで抽出して抽出液中のものの分解を考えている。微生物は有機溶媒中では死んでしまって効果がない、光触媒もやったが効果はない。人工酵素でうまく行かないか」

という。焼却灰の人工酵素分解がそのままではうまく行かない理由がわかった。

「人工酵素は有機溶媒中でも働く、使ってみて欲しい」

早速、木村助手に連絡して人工酵素液を調整してもらい実験してもらった。過酸化水素水と組み合わせたパーオキシダーゼ反応では効果があったそうである。この話も政府の補助金でやっていたらしくその後事業化の話はきていない。ＰＣＢなどの有機難分解性物質で汚染された泥などをトルエンで抽出して人工酵素で分解無害化し、有機溶媒は回収循環する反応システムが考えられる。車と直結して現場で処理する移動型ができれば簡便で有効だろう。

人工酵素はそのほか、パーオキシダーゼ様反応の有害色素の分解、二酸化炭素の電極反応でギ酸やメタンへの転換、補酵素ビタミンB_{12}の二酸化炭素とメタンから酢酸の生成、硝酸体窒素の分解、発ガン物質の吸着除去無害化など環境問題解決への多くの応用展開が考えられる。窒素固定菌に含まれるニトロゲナーゼの人工酵素が安定にできれば、それで加工したフィルムや繊維は窒素肥料を与えなくてもよい農業・園芸用資材として環境浄化に貢献するだろう。

第七章　チトクロムをまねる？—人工酵素の電子伝達

ポリアクリロニトリルからトランジスタができた！

家から五〇メートルも離れていないところに東京特殊電線㈱の研究所があり、何人かの大学出の研究者がいた。中学三年の夏の夜だったと思うが、散歩をしていると古い倉庫から閃光が見えた。行ってみると小型の溶鉱炉で防護メガネをかけた若い男の人がルツボを炉から出し入れして熱心にのぞき込んでいた。

「オジサン何しているの？」

「錫から金をつくっているところだよ」

「そんなことできるの？　すごいなあ」

その人は皆川さんといって、茨城大学の金属工学科を卒業して合金を開発していて、いろいろな金属を高温で溶かして価値のある新金属をつくっていることを説明してくれた。その人は東京特殊電線㈱から後に日立電線㈱に移って専務取締役になった。

「錬金術だ！」

将来そんな仕事をしてみたいと思った。

「ポリアクリロニトリルからトランジスタができた」

旧ソ連のタス通信が伝えたのがきっかけで電気を通すプラスチックの研究が始まったのだが、一九六三年、卒業論文のテーマだった。

物質に電気を流すにはイオンが動いて流れるイオン伝導と電子が動いて流れる電子伝導の二とお

りの方法がある。この場合、電子伝導が目的である。

いま、長さ一センチメートル、断面積ｓ平方センチメートルの物質にＶボルトの電圧をかけ、流れる電流をＩアンペアとすると、抵抗Ｒは、

$$R=\rho \cdot l/s$$

となる。ρ[ohm・cm]を固有抵抗といい、その逆数1/ρを導電率σ[ohm^{-1}・cm^{-1}]または[s・cm^{-1}]という。物質がどのくらい電気を通すかの尺度となる。一般にプラスチックなどの高分子の導電率は10^{-12}から10^{-18} s・cm^{-1}である。一般の有機化合物の中には縮合多環化合物のように$10^{-6\sim10}$ s・cm^{-1}の半導体に近いものも当時見出されていた。このような絶縁性の高い高分子を$10^{-6\sim3}$ s・cm^{-1}のシリコンやゲルマニウムのような半導体、あるいは10^{3}以上の金属並にできないかという当時では夢のような話である。

「電気が通じるかもしれない」

と期待してつくったピロメリットジイミドという有機物の金属キレート高分子ができたのが年が明けた頃だった。金属キレート高分子は直線構造の配位グループを二つ以上もつ化合物と金属イオンがキレートにより橋かけ状に広がった高分子で配位高分子ともいう（図7・1）[31]。どの程度電気が流れるのかを測定する知識もなかったし、測定装置も大学にはなかったので東京特殊電線㈱の研究所に導電率の測定に行った。毎朝七時に家を出て小諸の郊外まで膝まである雪の中を歩いて通ったことを覚えている。研究室の大先輩の技術者水沢さんに指導してもらい測定ができた。当時、高

図 7.1　配位高分子の例（白井、北條らによる）

分子は絶縁材料としてしか使われておらず、電線会社としては当然だが、いかに絶縁性の良い高分子を開発するか研究されていた。しかし、先輩は導電性の世界動向もかなり調べていて、当時としては最先端の考え方をしていたと思う。

「電気を通す高分子ができれば電線が軽くなり世の中の哲学が変わる」

私もその大それた考えに夢中になったが、合成した高分子は半導体領域の電気伝導率 10^{-6} s/cm 程度だった。結果は北條先生が日本化学会の工業化学雑誌に掲載してくれた(32)。

「全共役系の高分子ができれば電気が流れるはず」

当時からその筋の共通の考えだった。高分子量のポリアセチレンができないか東京工業大学資源化学研究所の神原周研究室の籏野昌弘助教授らが日本では先導した研究をしていた。銅や銀アセチリドという爆発物質から金属を抜いてつなげて行くという危険な反応で、設備をもたない信州大学では怖くてできるものではなかった。早稲田大学理工学部のある研究室ではポリ塩化ビニルから脱塩酸してポリアセチレンを合成しようとしていて爆発して研究室の一部が吹っ飛んだそうだ。

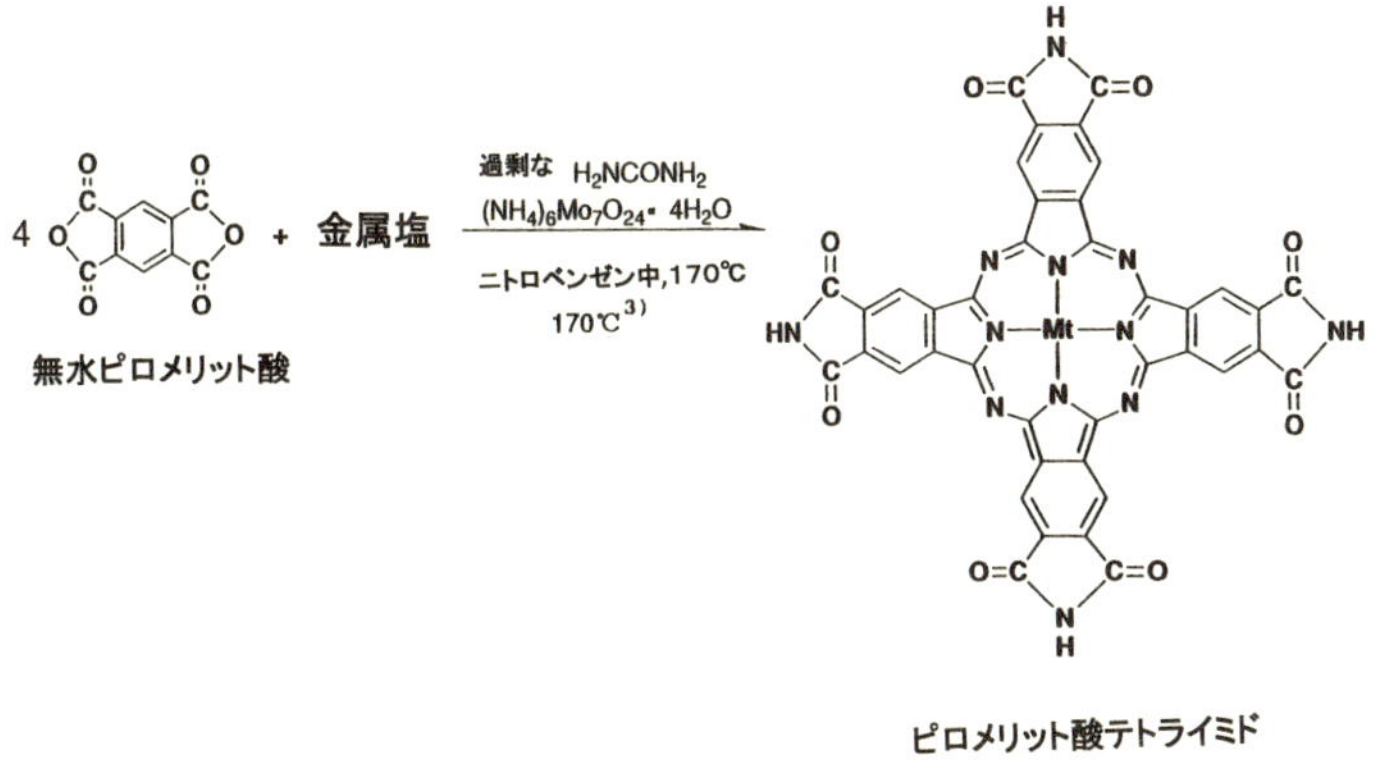

図 7.2　テトラカルボン酸無水物から金属フタロシアニンテトライミド。Mt＝金属、Fe（Ⅲ）、Co（Ⅱ）、Ni（Ⅱ）、Cu（Ⅱ）

金属フタロシアニンポリマーから電気が流れる高分子

全共役系の有機化合物の中でフタロシアニンという顔料に注目した。その年、アメリカ化学会のトップ雑誌 J. Amer. Chem. Soc. にポリ銅-フタロシアニンは全共役で耐熱性、導電性があるというアメリカのマーベルらの論文が載っていて、これならば信州大学でもできそうだと思い、すぐに、その原料のピロメリット酸無水物を東京特殊電線㈱からもらってきてポリ銅-フタロシアニンの合成に挑んだ。ピロメリット酸無水物はエポキシ樹脂の硬化剤の研究用に知られていたが、アメリカの化学会社デュポン㈱ではアポロ計画で使う超耐熱高分子ポリイミドの原料として一九〇〇年代の初頭から研究されていたことをかなり後になって知った。確か、われわれがこの化合物に出会って半年後のアメリカの高分子雑誌 J. Polymer Science に特集のようにポリイミドの論文が載っていたことを憶えている。導電性を目指してつくったポリ銅-フタロシアニンは、泥のような粉で濃硫酸で精製しても濃い緑の粉末でおよそ高分子にはほど遠かった。東京工業大学大学院のノーベル賞の野依触媒の基「碇屋触媒」をつくった碇屋隆雄教授も有機溶媒に溶けるベンゾフェノンテトラカルボン酸からのポリ金属フタロシアニンの合成[33]に卒論で取り組んでくれた。

一九七二年、大阪大学工学部石油化学科の故竹本喜一教授のもとに内地留学させてもらったが、そのときアメリカ化学会の Inorganic Chemistry の論文にヒントを得て、卒論で合成していた、「あの砂のようなポリ金属フタロシアニンは高分子ではなくて単にフタロシアニンのテトライミド(図7・2)ではないか」

と思い、大阪から卒論生の八木君に電話をし、

「もしポリマーでないとしたら四つの端がそれぞれテトライミドになっているはず、加水分解すればカルボン酸が八つ出るはずなので、五〇パーセントくらいの水酸化カリウム溶液中、一〇〇度で炊いて加水分解したら」

と指示した。結局予想どおりその年に人工酵素ともいえる金属フタロシアニンオクタカルボン酸ほかポリカルボン酸などが得られた[34]。八木君は修士課程に進みエラストマーの日本ミラクトラン㈱に就職し重役になった。就職後に大学院工学系研究科に社会人入学して、フタロシアニン環を含むポリウレタンなどの研究で工学博士になった。

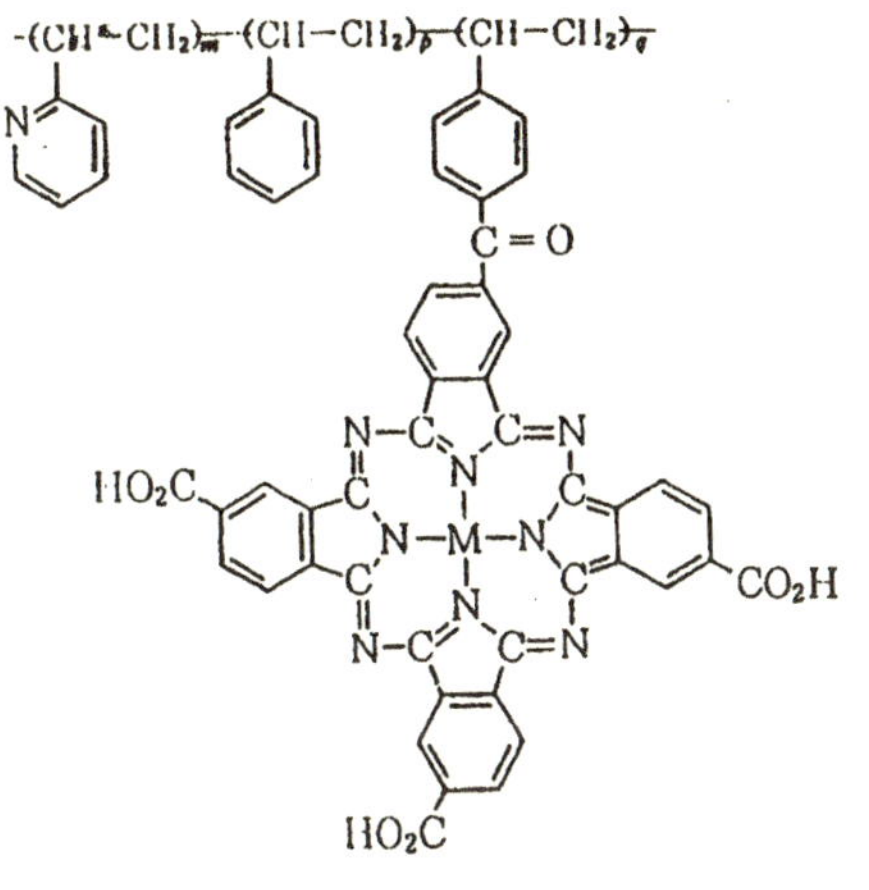

[10]

$m=0.50,\ p=ca.\ 0.48-0.39,\ q=ca.\ 0.02-0.11$

図7.3　アモルファス高分子に結合した金属フタロシアニン。M＝金属、Fe（Ⅲ）、Co（Ⅱ）、Ni（Ⅱ）、Cu（Ⅱ）

チトクロムの電子伝導に似た電気を通す高分子

一九七九年、新しい機能高分子学科に移ったが、檜垣君がより酵素のモデルに近い鉄（Ⅲ）、コバルト（Ⅱ）、ニッケル（Ⅱ）、銅（Ⅱ）-フタロシアニンテトラカルボン酸をポリ-2-ビニルピリジン、スチレン（P2VP-co-Styren）に結合させた高分子（M-pc-P2VP-co-styren）を合成（図7・3）したのだが、～10 mol・%までこの大きなフタロシアニン環を共有結合できるが、メタノールやベンゼンなどの有機溶媒によく溶け簡単にしなやかなブルーのフィルムをつくれることを見つけた。

「非結晶の高分子の鎖に共役系化合物が結合しても共役系だけを電子がホッピングで飛んで行けば電気が流れるかもしれない、生体内のチトクロムのような電子伝達タンパク質に似ている、やってみよう」

ということになり、導電性の研究を本格的に始めた。檜垣君が都城高専の平原教授研究室で測定した金属フタロシアニンを結合した高分子の電気伝導率は、フタロシアニン環をつける前の一〇〇万倍の 10^{-9}s/cm の導電率を示した。

「共役系のπ電子から電子を引き抜くドーパントといわれるガスを当てて、ドーピングをしたらどうか」

早速、フラスコの底に固体のヨウ素を入れ、ブルーのフィルムをその上に吊るしてバーナーでフラスコを加熱すると、見る見るうちに、

「十円硬貨を磨いたようなピカピカのフィルムに変わった！」

すぐに、テスターの針を当てると大きくメーターが触れた。

「電気が流れた！」

導電率はまた一千万倍も向上して 10s/cm にも達した。実に P2VP-co-Styren の 10^{15} 倍も導電率が向上したわけである。一九年たって夢がかなったと思った。電気を通すプラスチックは英国化学会の一九八三年速報誌に掲載された[35]。二年前に有機高分子で金属伝導を示す合成金属の発見で、ノーベル化学賞の対象となった白川秀樹先生のポリアセチレンのドーピング研究が載っているが当時は全く知らなかった。

アモルファス高分子に結合させた金属フタロシアニン超分子の電子伝導

平原教授が信州大学に測定装置を運んで来て新しい導電性高分子の電気を通すメカニズムを解明

する研究に発展した。先生は物理学の専門で半導体物理を専門とされていたので最初から化学の私とは専門の言葉も通じなかった。毎晩酒を飲みながらの議論で電気を通す錯体の本質を説明するには、

「金属フタロシアニンの分子軌道と物理でいうバンドがうまく結びつけばよい」

そうすればイメージがつかめそうだ。

金属フタロシアニンは厚さ三オングストロームで縦横一ナノメートルの平たい分子であるので何枚か重なった構造をとることができる。複数の分子が共有結合以外の結合で規則正しく集合した化合物・単体を超分子という。パイ電子系の超分子の分子軌道とバンド構造を考えればよい。

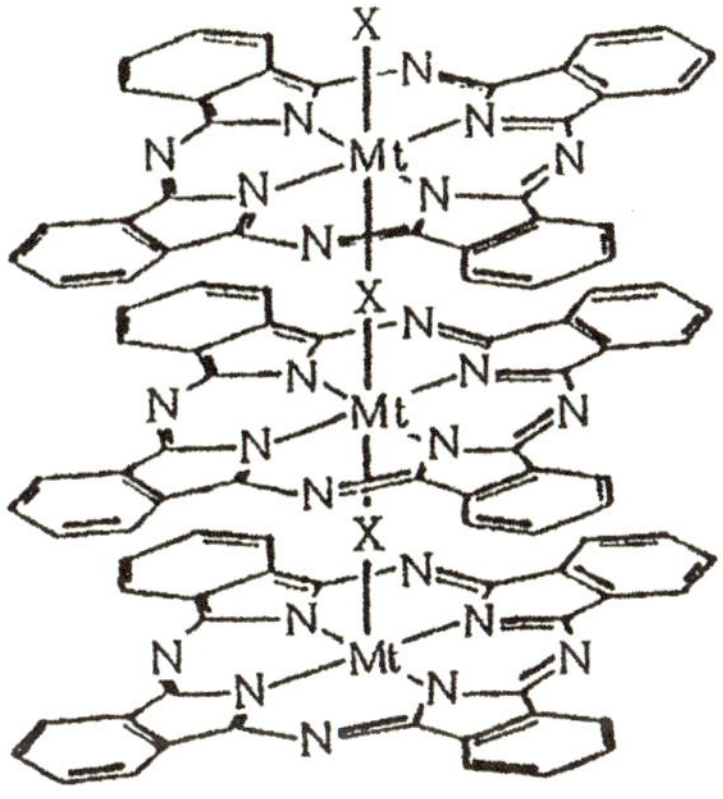

図7.4　金属フタロシアニン超分子。Mt＝Ni（Ⅱ）

いま、ニッケル（Ⅱ）-フタロシアニンを図7・4のように重ね超分子構造をつくると、ニッケル（Ⅱ）は最外殻の軌道に八つの電子をもち、低スピン型なので図7・5(a)のように四つの軌道に電子が充満され、一つの軌道が空いた電子配置になる各軌道のエネルギーレベルは全共役分子であるフタロシアニン環が重なると広がってくる。これを量子力学的には非局在化現象という。その結果、四つの軌道には電

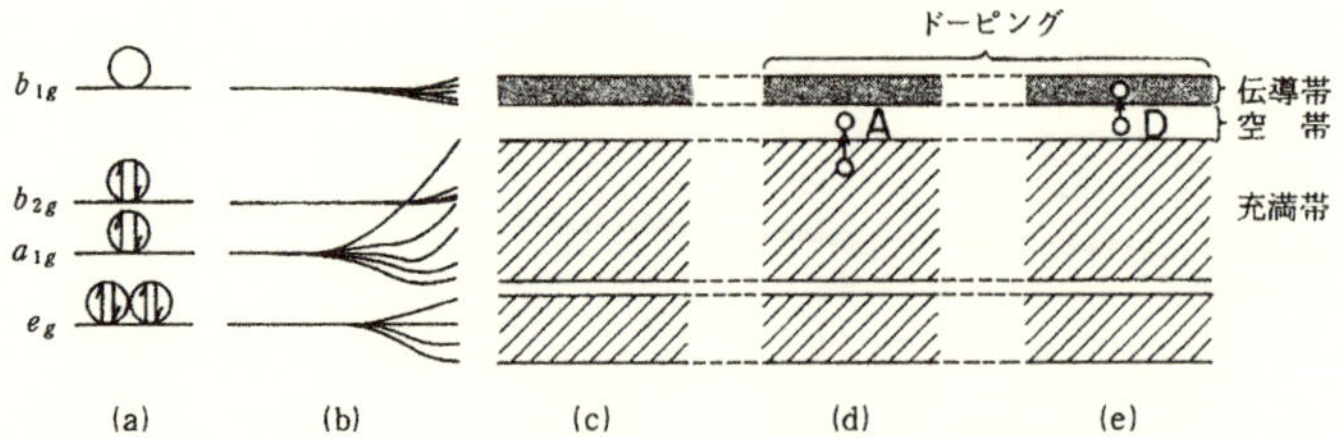

図 7.5　ニッケル（II）–フタロシアニン超分子の分子軌道とバンド構造。(a) 最外殻の電子状態、(b) 非局在化、(c) バンド構造、(d) 電子受容体による p 型半導体、(e) 電子供与体による n 型半導体

子が詰まっていて、一つの軌道には電子が全く入っていない空いた軌道となり、(c)のようなバンド（帯）構造をイメージすることができる。電子の詰まったバンドを充満帯、空のバンドを伝導帯という。ここに、

$$3I_2 + e^- \rightarrow 2I\text{-}I\text{-}I^-$$

ヨウ素ガスのように電子をほしがる物質がくると電子を充満帯から一つ抜いて(d)のような電子の穴が開いたホールをもつバンドとなる。このバンド構造に電圧をかけると陰極側でホールにはつぎつぎと電子がホールを埋める雪崩現象が起こり、ちょうど瓶に油を入れ振って逆さにすると空気の粒がだんだん上に動いて行く現象のように電子が流れる。このような物質をp型半導体という。また、金属ナトリウムやカリウムのように、

$$Na \rightarrow Na^+ + e^-$$

電子を与えたがる物質がくると伝導体に電子を与え図7・5(e)のようなバンド構造になる。電圧をかけると、金属のような自由電子となり金属伝導を示すようになる。このような物質をn型半導体という。金属フタロシアニン超分子の場合、荷電子

帯と伝導体のエネルギーギャップは 0.1 eV くらいでp型にすると <0.01eV と一〇分の一以下となる。グラファイトのように荷電子帯と伝導体のエネルギーギャップが 0.001eV のように非常に小さくなると、荷電子帯の電子が常温で伝導帯まで上がり金属伝導を示すようになるが、そのような物質を真性半導体という。

金属フタロシアニンを結合したポリ-2ビニルピリジン、スチレン共重合体部分は全くのアモルファス高分子である。したがって、結晶のようなバンド構造は考えられないが、図７・６(a)に示すような疑似バンドを考えることができる。エネルギーレベルはアモルファスなのでゴムのように絶えず分子運動しているために揺らいでいる。共役系の金属フタロシアニンが結合すると(b)のように

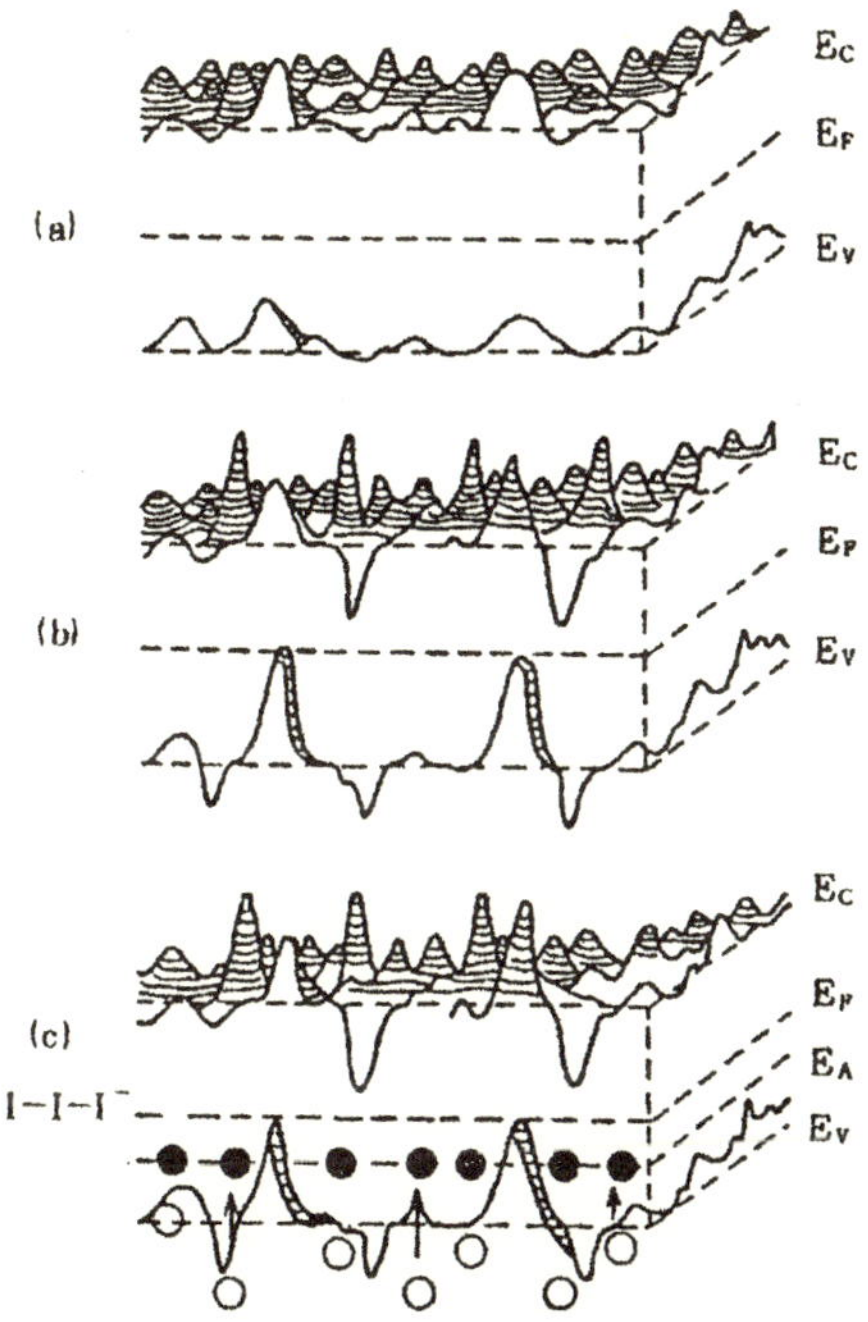

図 7. 6　アモルファス高分子連鎖(a)に結合した金属フタロシアニン（図 7.3）(b)およびヨウ素ドープした(c)の疑似バンドモデル

荷電子帯と伝導体の間にやはり揺らいだ不純物レベルができると考える。それらの不純物レベルの山と伝導体の不純物の谷のエネルギーギャップは約0.1eVである。ヨウ素分子の蒸気を当てると荷電子帯から電子をくみ上げ不純物レベルの間にトリヨウ素イオン電子のレベルができる。エネルギーギャップは0.01eVとさらに小さくなり不純物レベルの電子は伝導帯に上がり、高分子鎖上の無数のフタロシアニン超分子の荷電子帯のホールが発生し熱運動する高分子鎖内をホッピングして電子伝導が起こる。この段階では伝導率σ（s/cm）の温度依存性と湿度依存性はほとんどなくなり安定した電子伝導が発現し、温度を低温にすると分子運動が止まり伝導率は何ケタも急低下する。

シトクロムはヘムとタンパク質の複合体で生体内での高速電子移動機能を果たしている。タンパク質は絶縁体であるがヘムタンパクは金属的伝導を示すといわれている。また、遠距離ホッピング機構も提案されている。このモデルは生体内の電子伝導機構を思わせる[36]。

平原教授はこの研究で大阪大学から工学博士の学位を授与された。

これらの研究成果はＴＤＫ㈱の今岡開発研究所長の目にとまり、ＴＤＫ㈱の久保田課長と導電性高分子の応用の共同研究に発展し、長年開発研究を行った。久保田さんは磁気テープの磁性塗料研究成果をまとめて博士（工学）を私のところで取得した。

水を燃料にする二次燃料電池

高分子二次電池、膜の中に水を分解して酸素をため込みそれを燃やして電流を流す全く新しい酸

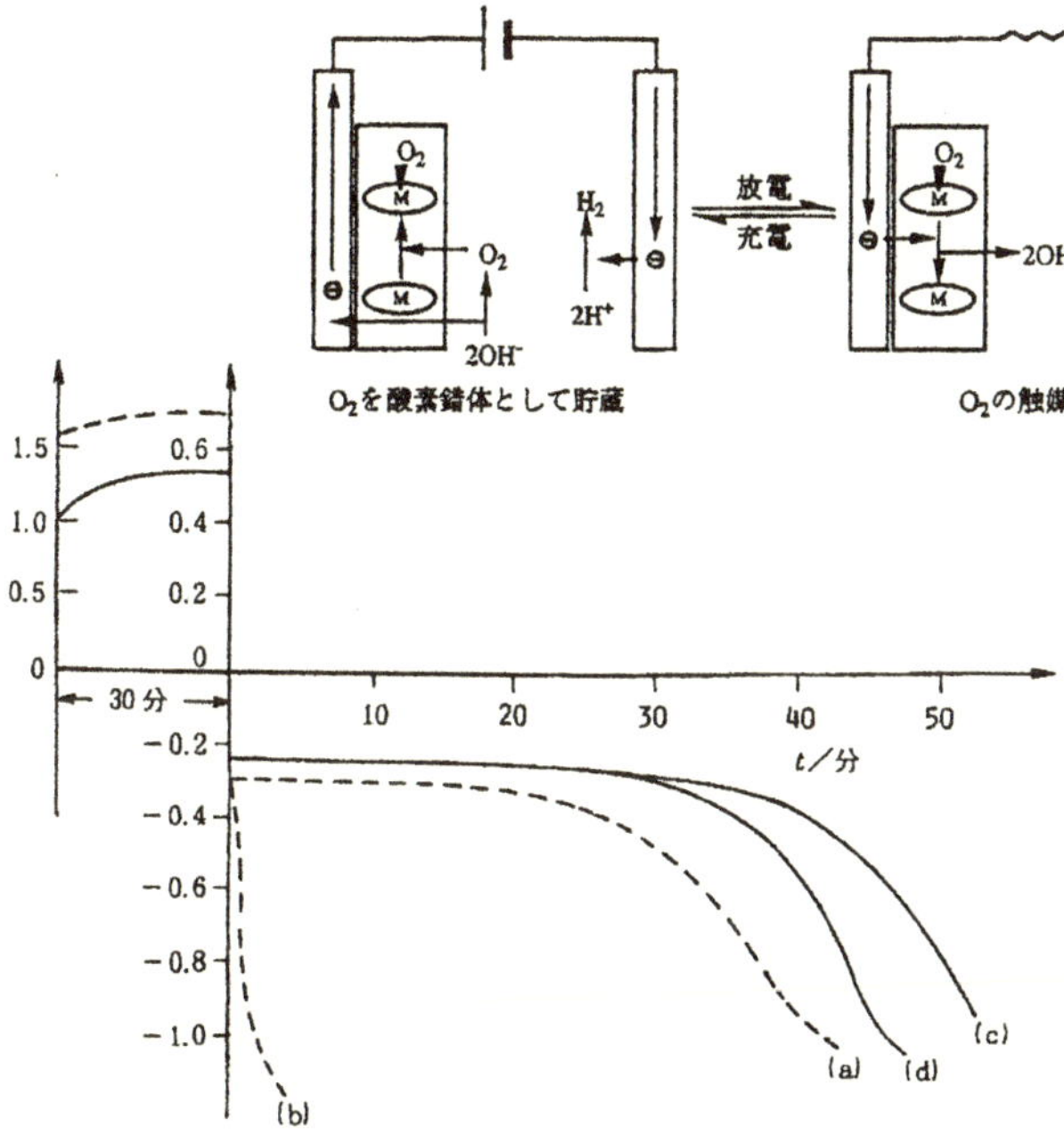

図7.7　金属フタロシアニン高分子（図7.3）でコーティングした電極を用いた二次燃料電池の原理（上）と充放電曲線。(a)金属フタロシアニンを結合していない高分子鎖（膜内の電流が残る）、(b)アルゴンガスを流通するとほとんど放電しなくなる、(c)コバルト（Ⅱ）-フタロシアニンを結合した高分子、(d)(c)にアルゴンガスを流通しても放電量はあまり変わらない。充電500μA、30分、放電100μA

素水素二次電池ができた。

「一・五モルパーセントのコバルト(Ⅱ)-フタロシアニンを結合したこの高分子フィルムで白金電極をコーティングし負極に使うと不思議な電池ができることを見つけた。原理の解明をしたい」と、平原教授がいう。図7・7のような装置を組み実験が行われた。三〇パーセントKOH溶液を電解液として〇・五~一・五ボルト、五〇〇マイクロアンペアで通電すると、フィルム内に細かい泡が発生し膜内に吸収され、一〇〇マイクロアンペアで安定な放電が起こる。充放電は三〇回以上繰り返しても安定であることとわかった。電池の容量も1000Ahr/kgと大きい。実用化できるかTDK㈱の研究者田淵さんも参加して原理を解明した。

充電過程では電極を覆う多孔質のフィルム内で水が電気分解し酸素と水素を発生する。酸素はコバルト(Ⅱ)-フタロシアニン環に吸着され蓄えられる。放電はこの酸素によって起こっていたのである。電極から電子を受けコバルトに結合した酸素は酸素イオン(O_2^-)になり、水からの水素イオンと過酸化水素アニオンをつくりアルカリ中で酸素と水酸化物イオンに化学分解される。この研究結果は特許出願され英国化学速報誌に一九八三年に掲載された(37)。

燃料電池は水素と空気中の酸素を反応させて電気を起こす発電システムである。排出されるのは「水」だけで有害物質を排出せず、エネルギー効率にも優れているので、未来を担うクリーンエネルギーとして現在世界中で積極的に開発が進んでいる。燃料電池自動車用の固体高分子型燃料電池や家庭用定置型電源として特に注目され、二〇〇二年十二月にはトヨタとホンダの燃料電池自動車

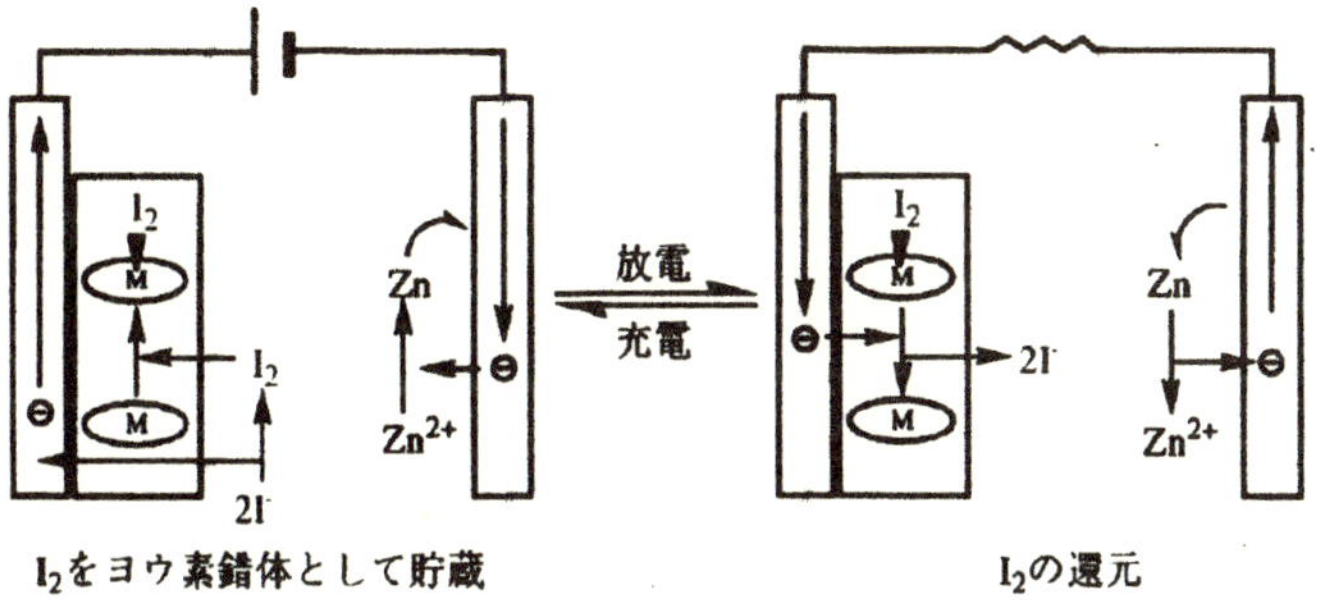

図 7.8　金属フタロシアニン高分子（図 7.3）修飾電極を用いたヨウ素-亜鉛二次電池

の市販第一号が日本政府に納入され小泉首相が試乗した。われわれが研究していた頃にはまだ燃料電池には社会の関心はなかった。しかし、充電過程で対極から発生する水素を貯蔵できる高分子膜が見つかれば近年になって注目技術になったかもしれない。

ヨウ素-亜鉛二次電池

金属フタロシアニンテトラカルボン酸を結合したP2VP-co-St へのヨウ素ドーピングを利用してヨウ素分子を安定に蓄えることができる。平原教授は古くから知られている安定なヨウ素-亜鉛二次電池を開発した。図７・８に示すように、鉄（Ⅲ）-フタロシアニンなどを結合した高分子を陽極に金属亜鉛を陰極にしてヨウ化亜鉛水溶液を電解液に組み立てた電池は、充電時に陽極ではヨウ素分子をヨウ素錯体として取り込み貯蔵し、陰極では電解液のヨウ化亜鉛（Ⅱ）が酸化され金属亜鉛になる。放電時には陽極でヨウ素分子が還元されヨウ素イオンに、陰極では金属亜鉛が亜鉛（Ⅱ）イオンとなる。Voc 1.22V, Isc 30mA, エネルギー密度135Whr/kgでボタン電池として実用化も可能ということで検討を進めたが実現はしなかった(38)。ヨウ素は世界で年間約一八〇〇〇トン、そのうちチリと日本で九〇パーセントを占め資源小国としては特筆すべき貴重な資源である。ヨウ素の利用としてもこの技術は注目すべきと思う。

金属フタロシアニン電極の新しい作製方法

一九八六年、当時の小山助手と修士課程の伊藤君（現セイコーエプソン㈱）がコバルト（Ⅱ）-フタロシアニンテトラカルボン酸を塩化カルシウムとともにジメチルホルムアミドという有機溶媒に溶かし、溶液中に酸化インジウムスズをつけたガラス電極を漬け、一平方センチメートル当たり五マイクロアンペアの電流を流して電解するとコバルト（Ⅱ）-フタロシアニンのカルボン酸とカルシウムイオンがキレート結合で橋かけ構造をつくり溶媒に溶けなくなり、透明なＩＴＯ電極上に薄い安定な膜ができることを見つけた(39)。簡単で、通電時間で膜の厚さがコントロールでき、パターン化も容易、安価、応答も速い。この電極から多くの電子デバイスを開発した。コバルト（Ⅱ）-フタロシアニン電極に一電子を送ってコバルト（Ⅰ）にすると、酸素を吸着し還元して過酸化水素にし、このとき流れる電気量を測定することで、水などの溶液に溶けている酸素の濃度を測定する酸素センサ、窒素酸化物センサ、酸化還元二次電池などである。

このガラス電極を二枚、間に白い紙と塩化カルシウム液を挟んで張り合わせ電極に電気を通じる

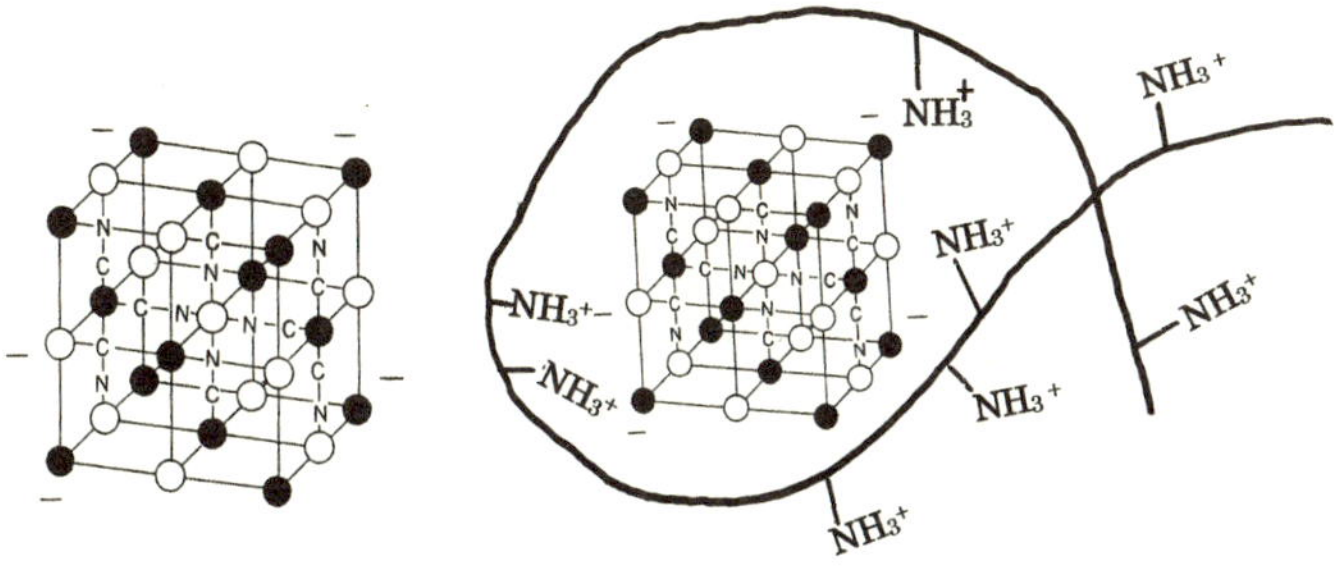

図 7.9　プルシアンブルー (a) とポリビニルアミン陽イオンに結合したプルシアンブルー (b)。●：低スピン Fe（Ⅱ）、○：高スピン Fe（Ⅲ）

と、かけた電圧により青（コバルト（Ⅱ））、緑（コバルト（Ⅰ））、赤茶（フタロシアニン環ラジカル）に色が変化した。電流による酸化還元の状態で色が変わる現象をエレクトロクロミック（ＥＣ）というが、このデバイスの色の変化は〇・五秒、五〇〇〇〜一万回の繰り返しにも耐えられることがわかった。博士課程後期課程の社会人学生にまで進んだ福沢君（現日本電産三協㈱）が加わって、この電極を用いカラーディスプレイの実用化に向けての本格的な開発を三協精機㈱（現日本電産三協㈱）との共同で取り組んだ。

三色に変化するエレクトロクロミックディスプレイ

青インキは十九世紀ベルリンの絵具士が見つけた安定な青色顔料である。塩化第二鉄（$FeCl_3$）とフェリシアン化カリウム（$K_3\{Fe(CN)_6\}$）からできる鉄(Ⅱ)と鉄(Ⅲ)がシアノイオンで橋かけした格子状に広がった化合物（図７・９）でプルシアンブルー（ＰＢ）と呼ばれてい

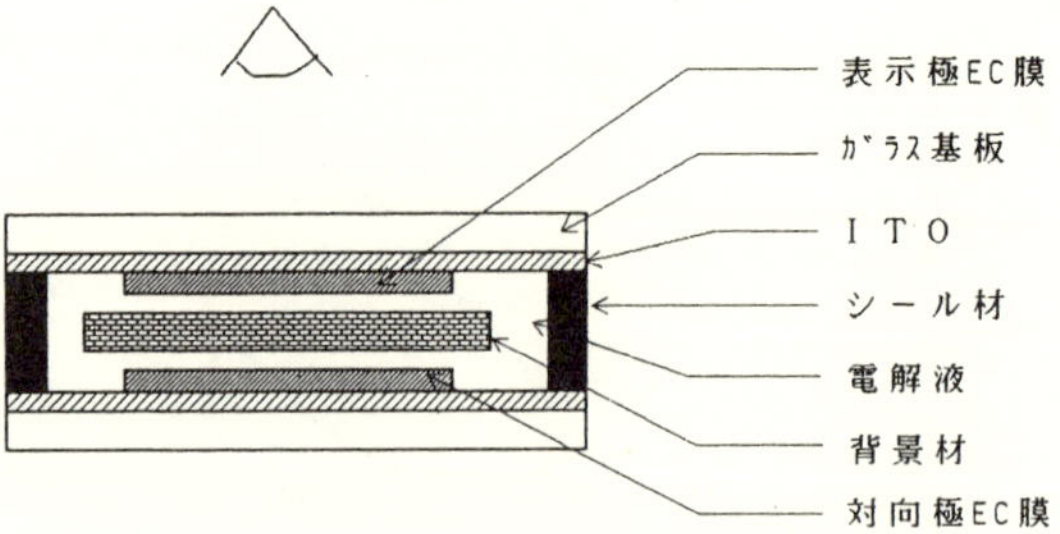

図 7.10　金属フタロシアニン電極を用いたプラスチックカラーディスプレイセルの基本構造（三協精機㈱（現日本電産三協㈱）による）

図 7.11　コバルトフタロシアニン電極を用いたエレクトロクロミックカラーディスプレイの例（三協精機㈱（現日本電産三協㈱）による）

る。この錯体は水に溶けないため分散状態で使われてきた。研究室では三菱化学㈱と共同研究していた。水溶液中でプラスのイオンをもつ高分子、ポリビニルアミン（PVAm）を溶かした水溶液中で、先の二つの化合物を反応させると水に溶けるプルシアンブルーができることを発見した。この溶液をガラス板上に広げ水分を蒸発させると自在にフィルムがつくれることを修士課程の林君と小山助手が見つけていた。さらに、小山助手はＩＴＯガラスを電極とした電解装置を用い、高分子を溶かした中でプルシアンブルーをつくると高分子膜で強化された安定なＰＢ電極ができる技術を確立した。この電極を対極にコバルトフタロシアニン電極と組み合わせ、非発光型表示素子プラスチックカラーディスプレイ（図７・10）を開発した(40)。

コバルトフタロシアニン電極側は青→緑→赤茶色に、ＰＢ電極側は青→白に変化する。駆動電圧はプラス〇・五ボルト～マイナス一・四ボルトで一〇万回以上繰り返し作動する素子である。図７・11にディスプレイ（写真）の一例を示した。兜町の株の表示板やガス漏れセンサに一時用いられた。

一九九六年には、弘前大学フタロシアニンの電子物性を研究してきた工藤君（現石原産業㈱）が博士後期課程に来て、大気汚染物質窒素酸化物、硫化水素・メチルメルカプタンを検出するガスセンサー、ｐｎ接合によるフタロシアニン太陽電池、電界効果型トランジスタなどのデバイスを精力的に開発した(41)。

人工酵素から分子素子へ

二十世紀のエレクトロニクス産業を支えた半導体産業は微細加工の技術進化によって成し遂げられてきた。しかし、二十一世紀を目前に「フォトリソグラフィー」による微細加工に微細加工を重ねるというトップダウン的手法のトランジスタの最小サイズが九〇ナノメートルくらいで限界ではないかといわれてきた。その先は原子や分子からトランジスタやワイヤなどの素子の役割をもたせようとする分子エレクトロニクスへという考えは、すでに一九七四年のＩＢＭのアブラムやライトナーによって分子ダイオードの理論的可能性が発表された頃から話題となった。その頃分子スイッチの考えの中に金属ポルフィリンを垂直に積み重ね、金属同士を直線配位子でつなぎ酸化還元反応でＯＮとＯＦＦを行うという例があった。研究室でも小山助手と大学院生が中心に金属フタロシアニンなどを組織化したデバイスつくりに挑戦した。金属フタロシアニン環のＬＢ法による自己組織化を何年も研究されたが、分子素子の夢をかなえることはなかった。木村准教授がこの流れの研究を続け未来につなげようとしている。

日本でも二〇〇二年の経済産業省産業技術総合研究所のカーボンナノチューブを用いた量子効果ナノデバイスや富士通研究所の量子コンピュータの基本素子となる量子ドットのサイズ・配列制御などの研究が盛んに報告されるようになった。将来、生体の電子伝達、光合成の光アンテナのクロロフィルにも似ている、安定で耐熱性の高い金属フタロシアニン人工酵素がこの分野で再び脚光を浴びることを夢見ている。

参考文献

(1) 白井汪芳：篠原昭、田中一行、白井汪芳編、「バイオテクノロジー入門」、倍風館（1986）p.192
(2) H.Shirai, A.Maruyama, J.Takano, K.Kobayashi, N.Hojo, K.Urushido, Makromol. Chem., 181, 565 (1980)
(3) H.Shirai, S.Higaki, K.Hanabusa, N.Hojo, J.Polym.Sci., Polym.Chem.Ed., 22, 1309 (1984)
(4) N.Kobayashi, H.Shirai, N.Hojo, J.Chem.Soc., Dalton Trans., 1984, 2107
(5) H.Shirai, H.Tsuiki, E.Masuda, T.Koyama, K.Hanabusa, N.Hojo, N.Kobayashi, J.Phys.Chem., 95, 417 (1991)
(6) H,Shirai, A.Maruyama, M.Konishi, N.Hojo, Makromol.Chem., 181, 1003 (1980)
(7) M.Kimura, T.NIshigaki, T.Koyama, K.Hanabusa, H.Shirai, ReactivePolymers, 29, 85 (1996)
(8) M.Kimura, Y.Sugihara, T.Muto, K.Hanabusa, H.Shirai, N.Kobayashi, Chem.Eur.J., 5, 3495 (1999)
(9) H.Tsuiki, E.Masuda, T.Koyama, K.Hanabusa, H.Shirai, N.Kobayashi, N.Minamide, Y.Komatsu, T.Yokozeki, Polymer, 37, 3637 (1996)
(10) 白井汪芳、「最新の消臭剤と消臭技術」、工業技術会（1989）, p.106
(11) 白井汪芳、日本化学会誌、1994,1
(12) M.Kimura, H.Shirai, The Porphirin Handbook(K.M.Kadish, K.M.Smith, R.Guilard, Eds.),Vol.19, 151 (2003) Elsevier, USA
(13) 荒川謙三、「診療と新薬」、37,3 (2000)
(14) 牧野哲朗、菅原徹、上条正義、佐渡山亜兵、木寅旦彦、樋口雅之、第4回感性工学会大会予稿集、p.117 (2004)

(15) 横関徳二、白井汪芳、日本医事新報、3517, 48 (1991)
(16) 2006 Immuno Support Center,http://www.imuno.jp/c01.html
(17) 横関徳二、木村睦、白井汪芳、薬理と治療、24, 811 (1996)
(18) 白井汪芳：白井汪芳、山浦和男編、「ファイバー工学」、丸善 (2005) p.138
(19) 矢野裕之、草田修、黒田映、高分子、58, 909 (2009)
(20) 中川秀巳、小児科、46, 2059 (2005)
(21) 我妻義則ほか、小児科臨床、58, 2289 (2005)
(22) 白井汪芳、加工技術、42, 48 (2007)
(23) H.Ukai, T.Ichinohe, M.Kimura, T.Koyama, K.Hanabusa, H.Shirai, J.Porphyrins and Phthalocyanines, 4, 175 (2000)
(24) T.Ichinohe, M.Miyajima, Y.Noguchi, M.Itoh, M.Kimura, T.Koyama, K.Hanabusa, A.Hachimori, H.Shirai, J.Porphyrins and Phthalocyanines, 2, 101(1998)
(25) 築城寿長：（社）繊維技術協議会カビ加工繊維製品認証基準評価基準試験法による
(26) 京都産業大学鳥インフルエンザ研究センターによる
(27) H.Shirai, A.Ishimoto, K.Kamiaya, K.Hanabusa, K.Ohki, N.Hojo, Makromol.Chem., 182, 2429 (1981)
(28) Y.Tanihara, T.Hattori, H.Shirai, M.Shimada, Wood Reserch, 81, 11 (1994)
(29) A.Sorokin, J.L.Seris, B.Meunier, Science 268, 1163 (1995)
(30) T.Ichinohe, H.Miyasaka, A.Isoda, M.Kimura, K.Hanabusa, H.Shirai, J.Porphyrins and Phtharocyanines, 43, 63 (2000)

(31) H.Shirai and N.Hojo, Functional Monomers and Polymers(K.Takemoto, Y.Inaki, R.M.Ottenbrite eds.) ,Mercel Deckers,Inc., New York, p.49 (1987)

(32) 北條舒正、白井汪芳、鈴木彰、工業化学雑誌、69, 253 (1966)

(33) 白井汪芳、現代化学、318, 12 (1997)

(34) H.Shirai, S.Yagi, A.Suzuki, N.Hojo, Makromol.Chem., 178, 1889 (1977)

(35) H.Shirai, S.Higaki, K.Hanabusa, N.Hojo, O.Hirabaru, J.Chem.Soc., Chem.Commun. 1983, 913

(36) 平原洋和、礪波範之、桧垣誠吾、英謙二、白井汪芳、竹本喜一、北条舒正、応用物理、52, 1051 (1983)

(37) O.Hirabaru, T.Nakase, K.Hanabusa, H.Shirai, K.Takemoto ,N.Hojo, J.Chem.Soc., Dalton Trans., 1984, 1485

(38) O.Hirabaru, T.Nakase, K.Hanabusa, H.Shirai, K.Takemoto, N.Hojo, Polym.Commun. 1984, 284

(39) T.Fukuzawa, T.Koyama, G.Schneider, K.Hanabusa, H.Shirai, J.Organometal.Polym., 4, 261 (1994)

(40) 小山俊樹、白井汪芳：白井汪芳、小林長夫編、「フタロシアニン—化学と機能」、アイピーシー (1997) p.213

(41) 白井汪芳、工藤晃久：白井汪芳、小林長夫編、「フタロシアニン—化学と機能」、アイピーシー (1997) p.218

白井汪芳

1966年信州大学大学院繊維学研究科修了、同年信州大学助手、1985年信州大学教授、1995年同繊維学部長（～2003年）、同理事（～2009年）、2009年同名誉教授・特任教授、現在に至る。工学博士
著書：ファイバー工学、編集（丸善）、最新の機能繊維、監修（シーエムシー）、バイオテクノロジー入門、編著（培風館）、生体と金属イオン、編著（学会出版センター）、フタロシアニン、編著（アイピーシー）など多数.

人工酵素の夢を追う－失敗がつぎの開発を生む－

2010年4月28日　初　版

著　者……………………白　井　汪　芳
発行者……………………米　田　忠　史
発行所……………………米　田　出　版
〒272-0103 千葉県市川市本行徳31-5
電話 047-356-8594
発売所……………………産業図書株式会社
〒102-0072 東京都千代田区飯田橋2-11-3
電話 03-3261-7821

中央印刷・山崎製本所

ISBN978-4-946553-43-1　C0043